老闆想的和你不一樣

Boss Thinks Diffrently

王　劍 著

目錄

CONTENTS

目錄

CONTENTS

目錄

CONTENTS

下篇

三分管人，七分做人／191

目錄

CONTENTS

目錄

CONTENTS

前言

曾有一位企業領導說：「過去管理企業我主要管事，可永遠有管不完的事，每件事情都需要我決策，每項工作都需要我把關。雖然我不一定比別人專業，但由於我是公司老闆，是企業創始人，因此，我必須這麼做。可是，我並沒有取得滿意的管理效果。」後來，這位企業家意識到自己的能力是有限的，他發現自己的做法很愚蠢，事必躬親是無法把企業做強做大的，必須通過管人達到管事、經營企業的目的。

這位企業家的一番話揭示了很多管理者的通病：不信任下屬，事必躬親，不懂得授權。其實說到底，是習慣於「管事」，而不懂得「管人」。然而，企業在發展過程中，事情層出不窮，管理者縱然有三頭六臂，也難以應付過來。因此，與其「管事」，不如「管人」——管好幾個重要的部屬，授權給他們，讓他們有充分的許可權替你分憂，有充分的自由發揮自己的聰明才智。

那麼，怎樣管理好重要部屬，又怎樣才能充分調動部屬和員工們的積極性呢？如果只是單純地「管人」，恐怕難以奏效。世界上優秀的管理者善於通過「管心」來達到「管人」的目的。這裏所說的「管心」，其實是通過非權力影響力來贏得員工的心，使他們感覺受到企業的信任和器重，使他們有機會發揮自己的才能，並從企業獲得所期望的薪酬，這樣他們才願意追隨企業。

綜上所述，管事先管人，管人要管心。身為管理者，應該弱化權力影響力，強化非權力影響力。比如，通過自身的人格魅力、領袖氣質、以身作則的品質去影響員工；通過對員工表達關心、信任、理解和支持，贏得員工的忠心；通過感情投資、金錢獎勵、職位匹配等，讓員工感受到認可，滿足其自我實現的心理需求。

在這個競爭異常激烈的年代，人才對企業的重要性不言而喻。如果企業想得到人才的支持和效忠，希望他們為企業的發展出謀劃策、作出貢獻，就必須把對人的重視程度提升到最高的高度，秉著「以人為本」的管理理念，通過人性化管理來贏得人心。

偉大的思想家孟子在兩千多年前就說過：「得人心者得天下。」企業要想獲得長足的發展，必須在贏得人心的基礎上，將人才的價值最大限度地發掘出來。所以，優秀的管理者深深懂得：管事先管人，管人要管心。如果你想成為優秀的管理大師，想把企業經營得更加繁榮，就從現在開始、從「心」開始吧，努力做一個「管心」高手。

上篇

像大老闆一樣思考

Point

心的境界決定管理的境界

所謂企業管理，是指對企業的生產經營活動進行計畫、組織、指揮、協調和控制等一系列職能的總稱，是管理者在企業戰略思維的引領下，將團隊的行爲和大家的思想有效地協調起來，將個人的發展與企業的發展結合起來的行爲。

在企業管理過程中，老闆心的境界，決定了管理的境界。如果一個管理者能經常深入自己的心靈，與自己對話，調整好自己的精神狀態，把全部的精力、心智、責任心投入到企業中去，盡心盡力地做好每一件事，那麼企業必將在良好的軌道上發展。

首先，做老闆的不要把喜怒哀樂掛在臉上，特別是不能把臉色給員工看，更不能動不動就向員工發脾氣，這是需要終身修煉的。因爲如果你經常把負面情緒表現在臉上，表現在言行舉止上，這些負面情緒就會傳染給員工，影響員工工作的心情、信心，員工跟著你一驚一乍的，整天提心吊膽，怎麼可能把工作做好呢？

你可以說做老闆有壓力，這是肯定的，否則，輕鬆創業就能成功，誰還打工呢？但是遇到問題要冷靜地找解決問題的辦法，而不是失態。真正的好老闆懂得承受壓力，懂得給員工鼓勵、加油、打氣，給員工帶去正能量，讓企業在逆境中奮起，在順境中強大。

其次，與員工保持一定的距離，因爲距離產生美。夫妻之間還有秘密，更何況老闆和員工之間呢？員工該知道就讓他們知道，員工不該知道的最好別讓他們知道。因爲他們與你所處的高度不一樣，各自看問題的角度也不同，再者人多嘴雜，傳來傳去對企業影響也不好。

再次，對員工表現出尊重，因爲他們工作也不容易，你多給他們一個微笑、一句讚美，那麼他們一整天都會非常開心。做老闆不是靠權力來壓制人，而是靠魅力來感動人，老闆與員工是合作關係，老闆不是上帝，員工更不是奴隸，尊重員工是必須的。你尊重員工才能贏得員工的尊重，你在員工心中才有影響力。

管理心得

有一句話說得好：「心有多大，舞台有多大。」同樣，老闆心的境界有多高，管理的境界就有多高，如果老闆能夠用更長遠的眼光看待企業發展，能夠用更寬廣的胸懷包容員工，那麼企業在管理上必將更上一層樓。

Point

得人心者得天下

中國古人在幾千年的歷史長河中，通過實踐總結出來一句至理名言——得道多助，失道寡助。自古以來，多少朝代的更迭，皆因民心所向而崛起，皆因失去民心而衰落。在《貞觀政要》的開篇中，唐太宗李世民就說過這樣一段話：「爲君之道，必須先存百姓，若損百姓奉其身，猶割股以啖腹，腹飽而身斃。」由此可見，得人心者得天下。同樣，企業要興旺，老闆必須要得到員工的心，得到員工的支持。

在《三國演義》中，有一個關於劉備的故事：劉備被曹操打得大敗，在出逃的時候，他不聽眾將的勸說，冒著被曹操追上的危險，帶著全城的百姓出逃，甚至看到百姓落難的痛苦情景時，還慚愧地掉下了眼淚。雖然劉備吃了敗仗，但是贏得了民心，這也是他後來與曹操、孫權相抗衡的重要本錢。

《我是最會賺錢的人物》的作者——麥當勞的社工藤田田，在書中談到他重視研究投資回報率，發現感情投資最少，回報率最高。

藤田田每年從公司拿出鉅資給醫院，作爲保留病床的基金。如果員工及其家屬生病、發生意外了，可以立即住院接受治療。即使在週末有了急病，也可以馬上送入指定的醫院接受治療，這樣可以有效地避免中途轉院導致救助不及時而導致病情惡化。有人曾問藤田田：「如果你的員工幾年不生病，你豈不是白花了這筆錢？」藤田田說：「只要能讓職工安心工作，對麥當勞來說就不吃虧。」

另外，藤田田創造了一項史無前例的舉措，他把員工的生日定爲員工的公休日，讓員工在自己生日當天可以和家人團聚。對麥當勞員工來說，生日是自己的喜日，也是休息的日子。在生日當天，該員工可以和家人盡情地歡度，養足了精神，第二天又充滿精力地投入到工作中。

「爲職工多花一點錢進行感情投資，絕對值得」，這是藤田田的信條。感情投資不用花費多少錢，但是能換來員工的心，使員工產生強烈的工作積極性，從而給企業帶來巨大的回報。這是任何一項投資都無法比擬的。

在贏得人心方面，你可以從以下三方面去努力：

（1）**善待員工**。你可以通過員工動員會、文藝生活會、員工生日會等形式，營造積極向上的企業氛圍。還可以通過建立學習型企業，創建學習型組織，營造「企業爲家」的氛圍。

（2）**善待合作方**。除了員工，企業發展還離不開合作方，只有讓合作方獲取合理利潤，他們才能給你提供更優質的產品和服務。所以說，合作方不只是來賺你錢的，更是幫你賺錢的。

（3）**善待客戶**。大家都知道一句話——客戶是上帝，但真正做到了嗎？對待客戶，一定要講誠信，滿足客戶的潛在需求，爲客戶創造，才能贏得客戶的心。

管理心得

作為商人，老闆最重要的是賺錢，但高明的老闆往往在賺錢的同時不忘員工，他們知道只有贏得員工的心，才能賺到更多的錢，這就叫「得人心者得金錢，得人心者得天下」。

Point

小公司管事，大公司管人

「小公司管事，大公司管人」，這句話在企業界頗爲流行，相信你也有所耳聞。爲什麼小公司管事，大公司管人呢？其實這主要是由於小公司和大公司的差異，導致管理策略的不同。小公司人少，事情一般也不那麼繁雜，什麼事情需要管，老闆一目了然，因此，有事就管事，是很簡單有效的管理方式。

而大公司則不同，大公司人多、事雜，如果還堅持管事爲主，那麼管理者永遠跟在事情後頭跑，很難把公司經營管理好。明智的做法是制定制度和流程，通過管人來控制企業流程，讓大家各司其職，管好了人，事情也就順了。

有一家化妝品代理公司屬下的連鎖店面有六十多家，員工五百多人。這樣一家公司，應該稱得上是一家大公司，因爲它的店面比較多，人員比較多，涉及到的事情也多。按理來說，應該制定合理的工作流程，通過管人來達到管理公司的目的。但是公司老闆依然堅持管事，結果公司經常出了事情之後找不到解決方案，公司永遠在亡羊補牢。而公司的多名管理者對此感到力不從心，先後離去，老闆也非常煩惱……

直到有一天，有位企業管理界的專家給老闆出了主意，幫助他制定了詳細的工作流程，用制度規範人，以管人爲主。至此，公司改變了過去的管理方式，營運也越來越好。

對小公司來說，管事比管人容易得多，但對大公司來說，管好了人，做事才會容易。

因爲小公司的人事架構簡單明瞭，沒有太多的等級，通常是扁平化管理。很多小公司員工佩戴的胸牌都是一樣的，除了名字外，沒有任何職務標注。公司內部沒有上下級之分，下屬對上司也直呼其名，營造出一種平等、隨意、親切的氛圍。小公司的老闆往往敢於打破層級概念，直接深入基層與員工對話，縮短距離和交流的難度，有什麼事情員工直接和老闆反映，然後立即制定解決辦法。

相比之下，大公司人事架構複雜，層級分明，通常採取制度化管理、層級化管理。在溝通中，下屬一般向上司反映情況，溝通不如小公司那麼暢通。如果這個時候依然採取管事爲主，那麼出了問題之後，再層層反映到老闆那兒，事情早已變了樣，不利於及時解決問題。只有管人，讓人對事負責，出了什麼事，讓相應的人去負責，這樣才能及時將問題消除在萌芽狀態，從而保證企業的穩定發展。

管理心得

身為管理者，一定要認識到小公司與大公司的不同情況，採取不同的方式來管理。只有針對公司的具體特性，堅持小公司管事，大公司管人的管理模式，才能把企業管理好。

Point

最好的管理是少管或不管

中國古代大思想家老子曾說過：「我無爲，而民自化；我好靜，而民自正；我無事，而民自富；我無欲，而民自樸。」他一直強調無爲才能不爲，強調無爲而治。他認爲治理國家靠百姓的自覺行爲，這樣君王就可以實現不治而治的目的。

也許你覺得「無爲而治」，寄希望於百姓自覺遵守法律，自覺約束自己，是不可能實現的。不可否認，如果只是什麼都不管，把希望寄託於百姓，那麼確實無法實現「無爲而治」，相反，很可能出現一片混亂。那麼，爲什麼無爲而治有可行之處呢？

其實，老子宣導的無爲而治並不是什麼都不做，而是遵循大千世界的規律，尊重人的個性，有所爲、有所不爲，這是一種獨特的思維方式。一般來說，人們將無爲而治分爲三個階段：

第一個階段：有為而妄為

什麼叫「有爲而妄爲」呢？這一點在秦始皇身上表現得很明顯，秦始皇是有作爲的君王，他滅掉了六國而一統天下，修建了萬里長城，文治武功彪炳千秋。但是，爲什麼強大的秦王朝僅存在了十四年，就土崩瓦解了呢？因爲秦始皇篤信法家思想，以暴政維繫其強大的帝國，過分地管理了國家，這就是「妄爲」，結果激化了社會矛盾，秦朝葬送在秦二世手裏。這對企業管理有很大的警示，不要爲了走捷徑而「妄爲」，即爲所欲爲地治理企業，而缺乏人性化關懷。

第二個階段：有所為有所不為

「有所爲」比較容易，可要「有所不爲」，需要的是膽識和智慧。有所不爲表現爲授權給員工，但真正大膽授權給員工的老闆有多少呢？很多老闆對權力有很強的控制欲，不習慣或沒有授權的意識。就連萬科集團的王石，在剛開始授權給總經理時，也突然感覺不對勁，因爲他發現公司的很多事情，他不再瞭解了，他甚至有一種害怕。於是他經常與總經理溝通，但發現總經理的工作熱情不太高，後來他才知道，原來是他干涉總經理的工作太多，表現出了對總經理不信任，才影響了總經理的心態。此後，王石下定決心，將權力逐漸下放，經過一年的磨合，他發現一切都海闊天空，很多事情他不管了，公司依然發展得很好。

第三個階段：無為而無所不為

這一階段是管理的最高境界。「無爲而爲」的思想在漢朝表現得最爲明顯，當年漢高祖以及他的繼任者推行休養生息政策，減輕賦稅，鼓勵農耕，提倡節儉，減輕刑罰，使漢朝經濟得到了極大的恢復和提高。之後憑藉強大的經濟後盾，漢王朝徹底打敗了強悍的匈奴騎兵。

老子說過：「治大國若烹小鮮。」

就是說，治理大國和煮小魚一樣，不要總是翻動它，否則小魚就殘碎了。

企業管理也是這個道理，最高的管理境界是讓員工感覺不到你的存在，也能有明確的目標、懂得自我管理、懂得自我激勵，把個人價值與企業價值有機結合起來，既實現了個人價值，也爲企業創造了價值。

管理心得

作為管理者，要少管甚至不管，把更多的精力用於提升自己的修養，通過自律來影響全體員工，比如，關心員工、鼓勵員工，對員工表達愛，通過自身的積極工作，帶動整個企業的工作氛圍，從而使員工自覺地對待工作，自覺地遵守公司的制度。這樣一來，你就不用費盡心機地管理員工，員工也能如你所願地對待工作，把工作做好。

Point 既能善用人之長，又要善用人之短

尺有所短，寸有所長。用人之道，關鍵之一在於用人之長。因此，管理者應該關注員工的優點，盡一切辦法讓員工把優點發揮出來，對於員工的缺點，可以加以忽視，不予計較。這樣，員工的價值才能得到最大化的體現。

美國南北戰爭時期，林肯任命格蘭特將軍爲總司令。當時有人向林肯提出不同的意見，他們說格蘭特嗜酒如命，難當大任。林肯說：「我倒想知道他喝的是什麼牌子的酒，我想給別的將軍

也送上一兩桶。」

林肯的意思很明白，將軍的主要任務是打仗，能打勝仗的將軍就應該得到重用，至於他愛喝酒，不是大的缺點，沒必要太在意。格蘭特將軍上任之後，美國南北戰爭發生了轉折，北方軍最後戰勝了南方軍。

身爲管理者，應該向林肯學習，在用人時不要看人才有什麼缺點，而要先看他能做什麼。管理大師德魯克曾經說過，發揮人的長處，才是組織的唯一目的。所以，不僅要容人之長，更要善用人之長，還要善於容人之短，甚至善用人之短。

唐時齋是清朝的一位將軍，在他眼裏，軍營中的每個人都是可用之人，關鍵是使用得當。他讓聾子跟隨左右當侍者，可以避免軍事機密洩露：他讓啞巴送信，這樣即使被敵人抓住了，除了搜出信，也問不出什麼機密；他讓瘸子守護炮台，因爲他們能夠堅守陣地，很難棄陣而逃；他發現瞎子聽力特別好，於是讓瞎子埋伏在陣地前，負責監聽。

從唐時齋的用人之道中，我們可以發現一個道理：如果將人的短處用在最合適的地方，短處也能變成長處，缺點也會變成優點。

在生產照相感光材料時，要在沒有光線的暗室裏操作。很多公司花費了很長的時間去訓練工人適應黑暗環境，但美國柯達公司沒有這麼做，他們發現盲人可以在黑暗的環境裏活動自如，於是對盲人稍加培訓，讓他們負責感光材料的生產工作，結果他們展現的成果比正常人精細很多。

管理學中有句名言：只有無能的管理者，沒有無用的人才。缺點之所以是缺點，關鍵在於管理者沒有認識它，沒有透過缺點看到缺點背後潛在的優點。缺點和優點是相對的，用人的時候不能只注重人才的長處，而忽略人才的短處。用人所長，毫無疑問是值得提倡的，但善用人短，化短爲長，才是用人的最高境界。

管理心得

有一位先哲說過：「垃圾是放錯了地方的寶貝。」如果把人才放在正確的地方，即使缺點也能發揮出作用。因此，管理者要善於根據每個人的特點甚至是個性，將其看似短處的地方加以利用，從而達到一種意想不到的效果。

Point 大權獨攬，小權分散

權力對很多人來說是一個迷人的東西，對企業老闆而言更是充滿了魅力。然而，權力是一把雙刃劍，在企業裏，如果老闆的權力過於集中，就容易導致老闆獨裁專政，這樣整個企業的決策都受老闆一個人影響。可是老闆能力再強，所收集的資訊以及決策能力也是有限的。因此，權力過於集中蘊含著很多潛在的風險。反之，如果老闆的權力過於分散，又難以形成統一的決策，同時，企業內部相互之間難以協調，也會嚴重影響企業的發展。因此，老闆一定要正確認識權力，學會合理恰當地利用權力。

那麼，怎樣才叫合理地用權力呢？從原則上來講，大權獨攬，小權分散，抓大放小的策略無疑是最佳的。所謂「抓大」，是指對於事關企業、部門生死的權力，老闆、管理者必須牢牢地抓在手裏，這樣有利於集中力量辦大事，還有利於保證決策的連貫性和穩定性。眾所周知，無論是民主式決策，還是集中式決策，最終都要有個拍板的人，這就註定了老闆要有比較大的權力。

貝塔斯曼集團是德國文化傳媒業的巨頭，在世界五十多個國家和地區都有自己的分公司，行業業務涉及到書刊出版、電視、音樂、媒體服務等廣泛領域。如此龐大的跨地域的企業，管理起來是不是很難呢？對此，君特．狄倫先生——貝塔斯曼集團總裁給出的回答是否定的。

原來，貝塔斯曼集團採取的是鬆散性管理，每個下屬企業的負責人，對企業內的人事、投資、產品等所有事務都有最大限度的自主決策權，總裁和行業總負責人只負責監控企業發展的大方向，決不會過分干涉下屬企業的具體經營事務。

比如，貝塔斯曼集團在中國的圖書直銷業務曾經迅速擴張，該企業的負責人全權負責中國市場的開拓，享有最大限度的自主決策權，以便迅速對市場的變化做出反應。再者，他們瞭解當地的情況，所制定的策略最符合當地的實際情況，因此，也最符合企業集團的利益。

貝塔斯曼集團把權力下放給下屬企業，並非放任不管，而是充分信任下屬公司，讓下屬公司享有最大限度的自由空間。在這種管理模式下，下屬公司雖然不在同一個國家和地區，但是卻對貝塔斯曼集團充滿認同感，真正達到了「形散而神不散」的境界。

對一家企業的最高領導者或管理者來說，下面幾種權力是必須牢牢掌握的。

(1)**財權**，古時候的最高領導，一般都會掌握軍權和財權。如今，金錢就是企業的命脈，因此，企業的最高領導人必須掌控財權，這不是說要求老闆把企業的所有財務搞得一清二楚，因為這些完全可以讓財務總監去做，而是要掌握資金的大方向，並且關鍵時刻能自由調動。

(2)**人事任免權**，即重要的人事調動和安排。

(3)**知情權**，雖然老闆可以在某些時候不參與決策，但是必須瞭解這些決策。

(4)**最終決策權**，即重大決策最後的決定權。

除了這四項重要的權力，其他具體的權力可以下放給具體部門的管理者。真正優秀的領導人，不一定自身能力有多強，但他懂得大權獨攬，小權下放給部屬，並且信任部屬，從而充分發揮部屬的能力，最終達到管理企業的目的。

管理心得

在企業管理中，管理者既不能搞專制，又不能放任不管，對於事關企業命運的大權，應該牢牢掌控在手，而對於一些小權，完全可以授予部屬，這樣能充分調動部屬的積極性，以便充分發揮他們的能量。

Point 權力下放，給下屬自由發揮的空間

在企業管理中，管理者即使有三頭六臂，也不可能事必躬親、獨攬一切。因此，必須學會適時地把權力下放給下屬。但是有些管理者把權力下放給下屬之後，又擔心下屬不能把工作做好，於是想方設法去干涉、去過問。殊不知，這樣做犯了授權大忌。而明智的管理者會充分信任下屬，給下屬自由發揮的空間。

北歐航空公司存在一些陳規陋習，公司董事長卡爾松先生通過權力下放，給部下充分的信任和活動自由，很好地實現了改革，振興了公司。

一開始，卡爾松的目標是讓北歐航空公司成爲歐洲最準時的航空公司，爲了實現這個目標。他到處尋找合適的人來負責此事，最後聘請了一位知名的管理顧問。卡爾松對他說：「你能告訴我，怎樣才能讓我們的公司成爲北歐最準時的航空公司嗎？」管理顧問說：「容我思考一周。」

一周後，管理顧問告訴卡爾松：「我可以幫你的公司成爲北歐最準時的航空公司，但我可能要花六個月時間，還可能花掉你一百六十萬美元。」

卡爾松說：「太好了，請繼續說下去。」因爲他估計要花八百萬美元的代價，管理顧問說：

「我這裏有一份彙報資料，詳細地說明了到底應該怎麼做。」

卡爾松說：「不必彙報了，你放手去做好了。」

大約四個半月後，管理顧問給了卡爾松這幾個月來的成績報告，這個時候公司已經成爲北歐最準時的航空公司。但管理顧問還告訴卡爾松一個好消息：他幫公司節省了一百六十萬美元經費中的六十萬美元，總共只花了一百萬美元。

管理者在權力下放之後，對下屬保持信任，給下屬留有自由發揮的空間，有利於調動下屬的工作積極性，增強其責任感，還有利於改善雙方之間的關係，從而營造合作共事的和諧氛圍。通過授權，不僅可以讓下屬擁有一定的權力和自由，而且也分擔了相應的責任，從而調動下屬的工作主動性。

管理心得

作為管理者，在權力下放之後，應該給下屬多留一點發揮空間，而不是處處干涉，事事過問，否則，下屬的才華就可能被埋沒，下屬的創意就可能被否決。只有給下屬自由發揮的空間，才能讓下屬充分施展自己的才能。

Point 創業時重才，守業時重德

每個企業老闆都希望找到德才兼備之人爲自己效力，但有時候「德」與「才」並不能兩全其美，有德之人可能沒有特別的才幹，有才之人卻「無德」。在這種情況下，我們應該怎樣對待有德無才和有才無德之人呢？

一代梟雄曹操的用人之道告訴我們，在創業時要「唯才是舉」，在守業時要「以德爲先」。眾所周知，在封建時代，德一直是用人的第一標準。德，義也，忠也，守道也。但是曹操打破了這一封建思想，大膽地使用有才能之人。「不論你的出身如何，只要你有才，我就賞識你、重用你」，這就是曹操的用人策略。

于禁原本是一個普通的士兵，但是曹操發現他是個人才之後，就提拔他爲武將。許攸人品差眾人皆知，但曹操卻能重用他，爲己所用。在許攸的謀劃下，曹操順利取得了官渡之戰的勝利。但當曹操在得到荊州之後，他開始重用有德之人文聘，讓他治理荊州。

易中天在《品三國》中，說到曹操用人時提到過這麼一句：「在動亂的年代，治世靠的是人的才；和平的年代，首先需要的是人才的德。」當然，對於品德惡劣，縱然有才能的人，曹操也是非常厭惡的，比如，呂布就是一個沒有信譽之人，最後被曹操所殺。

從曹操用人方面，我們可以發現：在創業時期，把「才」放在第一位，甚至不顧人才的品德，這只能是權宜之計；在守業階段，必須依靠「德」來鞏固業績，提升企業的凝聚力，創造優秀的企業文化，使企業平穩地發展下去。

管理心得

不是每個有德之人都有「才」，一旦碰到有才之人就必須好好珍惜，尤其是在創業階段，正是用人之際，管理者應該重用有才之人，對於人的品德，可以放在「才」之後。當公司發展平穩，或進入守業階段時，則需要重用有德之人，把才放在「德」之後。

Point

任用比自己強的人

奧美廣告公司總裁大衛．奧格威曾說過：「如果你永遠都起用比你水準低的人，那麼你必將成為弱者。」他用這句話告誡屬下的管理者：用人時不要嫉賢妒能，而要敢於任用比自己強的人才，只有這樣，公司才能做大做強。

有一次在公司董事會上，奧格威在每位董事的桌前放了一個玩具娃娃。董事們都不知道他到底想幹什麼，他解釋道：「每個娃娃都代表你們自己，大家不妨打開看看。」董事們打開玩具娃娃，驚訝地發現裏面還有一個小的玩具娃娃；再打開它，裏面還有一個更小的玩具娃娃。就這樣一層層地打開，到最後娃娃裏放了一張紙條，上面寫著：「如果領導者永遠都只起用比自己水準低的人，那我們的公司將一步步淪爲侏儒公司；如果我們都有膽量和氣度任用比自己更強的人，那我們就能成爲巨人公司。」

美國鋼鐵大王安德魯．卡內基曾經說過：「你可以把我的工廠、設備、資金全部奪去，只要保留我的組織和人員，幾年後我仍將是鋼鐵大王。」在他逝世後，人們在他的墓碑上刻了這樣一段文字：「這裏安葬著一個人，他最擅長把那些強過自己的人，組織到爲他服務的管理機構之中。」

卡內基是一個以追求經濟利益最大化爲終極目標的商人，但是他在用人上卻有極高的覺悟和極大的胸懷，這著實難得而珍貴，不得不讓人敬佩。作爲企業的一名領導者，你是否也該向卡內基學習呢？

在現實中，很多領導者寧願用順從聽話的乖乖牌，也不用能力出眾、強過自己的人，其實根本原因是心胸不夠寬廣，很大程度上是虛榮心、錯誤的面子觀在作怪。在他們看來，任用能力太強的下屬，自己的威信會受到挑戰，自己的能力會被襯托得更加不足。殊不知，這樣的企業是沒有希望的。只有真正做到大膽使用有才能的人，給他們幹事的機會，給他們舞台，給他們位置，才能把優秀人才聚集在身邊，一起去共謀大業。

管理心得

古人說：「下君之策盡自之力，中君之策盡人之力，上君之策盡人之智。」英明的領導者善於借用大家的智慧和力量來完成想要完成的目標，哪怕別人的能力強於自己，他們也有一顆包容之心，絕不會嫉賢妒能，這是一種健康心態的表現，也是一種寬廣胸襟的表現。

Point 寧要最合適的，不要最好的

什麼樣的人才是公司最青睞的？

「經營之神」松下幸之助曾經說過：「七十分的員工，才是最適合的員工。」爲什麼松下幸之助這麼說呢？因爲七十分的員工具備可挖掘的潛力，有相當程度的提升空間。而且相比於九十多分乃至一百分的人才，七十分的人才心態上更加謙虛，更容易接受公司的文化。

在這裏，我們不是否認九十分乃至一百分的人才所具有的價值，而是說對大多數企業來說，提供給九十分乃至一百分的人才的薪酬和其他軟硬體更多，而且不容易滿足他們的期望值。俗話

說得好：「人往高處走。」九十分乃至一百分的人才往往有些心高氣傲，他們稍有不順，就可能跳槽，企業很難長期留住他們。所以，適合的才是最好的。

比爾．蓋茨創辦微軟公司初期，公司僅有五位年輕人，其中還包括一位剛大學畢業的女秘書，她作風散漫，在工作上表現得很糟糕。比爾．蓋茨想招一位工作熱心、事無巨細的總管式女秘書，這樣他可以減少不必要的分心，從而更好地投入到工作中去。

招聘資訊發佈之後，應聘者很多。大部分人在簡歷中吹噓（也許有真才實學）自己能力有多高，說自己的學歷多高、精力多充沛、經驗多豐富。比爾．蓋茨對這些應聘者毫無興趣，反倒對一位四十二歲，家裏有四個孩子的女士產生了興趣。這位中年女士以前從事過短期的文秘工作，還從事過檔案管理和會計工作，但是每份工作都幹得不長，後來一直在家操持家務。

比爾．蓋茨看完她的簡歷，立馬眼前一亮，他非常肯定地說：「打電話給她，她被錄用了。」他的決定讓同事們疑惑不解，爲什麼要錄用這位女士呢？比爾．蓋茨表示，公司在創業初期，內務管理方面的事正是他所欠缺的，這位年齡四十二歲的女士比起二十多歲的年輕人，穩定性更好，而且操持家務多年，有內務管理的經驗，是四個孩子的母親，對家一定有濃厚的感情，這種家庭觀念一旦在工作中發揮出來，對公司的發展將起到非常重要的作用。從那以後，這位女士就成了比爾．蓋茨的女秘書。

事實證明，比爾．蓋茨的選擇是正確的。這位中年女士上任後，對年僅二十一歲的董事長比爾．蓋茨給予了非常大的幫助，她就像一位母親，帶給了比爾．蓋茨關心和照顧。比如，每次出差前，她都會督促比爾．蓋茨提前十五分鐘到達機場。而且每次比爾．蓋茨出差到外地，她都會在行李箱裏準備一條毛毯，以便蓋茨晚上睡覺時保暖。她把公司的每一項工作都看做家務，而且對每件事都會投入感情，爲此深得比爾．蓋茨的讚譽。

阿里巴巴前CEO馬雲曾經說過，不合適的人才即使能力再強，他也不會要。因爲用這種人才，就像在用飛機的引擎來拉拖拉機，配不上。他也認爲，企業選擇人才，寧要最合適的，不要最好的。因爲用最好的人才，對企業而言是一種浪費，況且很多時候，最好的人才，不一定能幹出最好的工作成果。反倒是最適合的人才，往往會做出一番讓企業稱心如意的表現。

管理心得

沒有最好的人才，只有最合適的人才。對企業而言，最合適的人才就是最好的人才。因此，在用人時管理者應該像找對象一樣，不要最漂亮的，而要最適合自己的，這樣才能相處愉快，為企業帶來性價比最高的效益。

Point

資產只是一個數字，人才是真正的財富

資產只是一個衡量財富多少的數字，人才才是企業真正的財富。假如給你一個資產龐大的企

業，讓你去經營和管理，但你手下缺乏各種人才，那麼你也無法把這個企業經營管理好。與此相反，你的企業資產不夠龐大，但是你有一群願意追隨你的人才，你懂得任用人才，那麼，你的企業將擁有一個美好的發展前景。

微軟總裁比爾・蓋茨曾經說過：「如果把我最優秀的二十名雇員拿走，那麼微軟將會變成一個不起眼的公司。」這句話很好地表現了人才對企業的重要性。因此，在人才的使用上，一定要懂得把人才放在正確的位置上，這樣才能發揮出應有的功效，爲企業的發展提供助力。

重視人才古來有之。春秋五霸之一的秦穆公之所以能稱霸，是因爲他重賢納才。

在全球經濟一體化的今天，人才問題關係到企業的命運。怎樣識別人才、使用人才、留住人才，是擺在企業家面前的重要課題。實踐證明，誰獲得了高級人才，誰就擁有了趕超對手的資本，其潛力是不可估量的。所以，一定要重視人才，那才是企業的真正財富。

管理心得

一家企業所需要的人才主要有三種，一種是獨立做好一攤事的人，一種是帶領一班人做好事情的人，一種是能審時度勢，具備一眼看到底的能力，制定戰略的人。如果你的企業有這三種人，那麼請好好珍惜他們，因為他們是企業的財富。

Point 把自己的決斷變成集體的決策

很多企業在做重大決策時，通常只由老闆和幾個高層甚至只有老闆一個人來完成。這種決策方式往往會帶來一些風險，因爲決策者個人或幾個人所掌握的資訊有限，造成決策的嚴謹性和周密性不強；如果對未來形勢的變化估計不足，就很容易做出錯誤的決策。

鑒於老闆獨自決策或和少數幾個高層決策存在一些弊端，企業應該用群體決策代替個人決策，用民主的方式代替獨斷決策的方式，讓更多的人員參與到決策過程中來。通過集思廣益，群策群力的辦法，可以發現自己不能解決的問題，解決自己所不能發現的問題。

不過，集體決策也會產生許多問題，比如，延長決策時間，議而不決，甚至管理者的意見被否定，讓管理者覺得很尷尬，等等。但這些問題不是原則本身的錯誤，而是操作上的不當造成的。只要在集體決策時注意以下幾個問題，就能解決集體決策造成的弊端：

(1) **限定主題，每次只做一個決策**

每次決策時，都要有明確的主題，你要把自己對目標的設想告訴決策的參與者，爲大家指明方向，提供思路，防止參與者討論問題時偏離主題，在細枝末節上糾纏不清，導致浪費時間。

(2) 協調紛爭，做到對事不對人

在決策過程中，不同部門和個人對同一問題有不同的看法，因此，往往會從各自的角度提出不同意見，爭論是不可避免的。管理者一定要清楚地表明一點：在決策中，所有的爭論都是針對具體的事情，而不是針對個人，希望大家不要帶著情緒和別人爭論。面對爭論時，管理者要做好協調，避免爭論過激，產生矛盾。

(3) 最好採取少數服從多數的原則確定最終決策

面對意見不一、想法不同的集體決策，管理者最好採取少數服從多數的原則做出最終的決策。如果管理者不這麼做，而是做出違背大多數人意見的決策，次數多了，以後決策時大家雖然參與了，也不會積極發表自己不同的觀點，他們認爲，反正我說了不同意見也白搭，老闆不會重視，不會聽我的意見，我乾脆不說好了。這樣就導致集體決策失去了原有的作用。

管理心得

在集體決策中，管理者可以把自己的想法說出來，然後傾聽大家的提議和建議，最終把自己的決斷變成集體的決策。在群體決策過程中，這樣一來，員工有了參與感，在執行決策的時候積極性也會高漲。

Point

讓別人有賺頭，自己才有賺頭

經商的目的是賺錢，可是一旦涉及到利益時，人自私的本性就表現得淋漓盡致。多少人與別人合作經商，到最後因爲利益分配問題產生矛盾，導致朋友反目成仇？多少老闆與人合作時，因爲不願意多讓利一點，導致合作商不滿，最後終止與他們合作？其實，真正做大事的人絕不會在小錢上斤斤計較，相反，他們懂得一個最簡單的道理：讓別人有賺頭，自己才有賺頭。

當年，胡雪巖的錢莊生意做大之後，他開始把目光集中在漕運上，但是進軍這個行業意味著搶其他從事漕運行業同行的飯碗，很容易引起同行的不滿。即使同行忌憚他的經濟實力和政治背景，心中有怨嘴裏不敢言，但也無法保證他們背地裏不會使陰招暗算他。因此，胡雪巖決定採取措施安撫一下同行，他是怎麼做的呢？

胡雪巖知道這些同行商販資本小、底子薄，於是主動提出貸款給他們，讓他們到鄉村去收購糧食，而費用由他承擔一半。這樣，胡雪巖把實力不濟的同行籠絡到手下，讓他們安心地經營自己的生意。同時，他也能在貸款和運輸中賺一部分利潤。當然，最重要的是這樣保證了整個江浙地區糧食市場秩序的穩定。

因此，表面上看胡雪巖少賺了錢，但實際上，他不但賺了好名聲，而且牢牢控制了那些實力較弱的商戶，可謂一箭三雕。

有一句非常流行的俗語：「前半夜想想自己，後半夜想想別人。」在商業經營中，要經常想一想：別人爲什麼願意與你合作？如果他們沒錢賺，你讓他們怎麼與你合作？所以，要想取之，必先予之，這就是「捨得」的智慧。

有人曾問「小巨人」李澤楷：「你父親（李嘉誠）教了你一些怎樣成功賺錢的秘訣？」李澤楷說，他父親沒有教他什麼賺錢的秘訣，只教他一些做人的道理。據說李嘉誠曾經對李澤楷說：「他和別人合作，假如你拿七分合理，八分也可以，那最後拿六分就可以了。」

李嘉誠的意思很明顯，就是讓別人多賺幾分。很多人知道與李嘉誠合作能賺得到便宜，因此，都願意與他合作。試想一下，雖然他只拿了六分，但是現在多了一百個人與他合作，他多拿了多少分呢？假如他每次必拿八分，不讓別人多賺一點，一百個合作夥伴可能變成五個，結果虧的是他自己。因此，把眼光放長遠一點吧，讓別人有賺頭，你才有賺頭。

管理心得

管理者一定要牢記一點：追求商業利潤的最大化，不意味著榨取同行，也不意味著壓榨員工，沒必要處處把別人往絕路上逼。相反，為了鞏固和建立穩定的商業關係，必要時要學會犧牲自己的部分利益，換取別人的信任和好感，這樣才能源源不斷地賺到財富。

Point

把恰當的工作分配給恰當的人

有些精明能幹的老闆、高層管理者，他們在辦公室的時間很少，而是經常出去打球或外出旅行，但是他們公司的發展絲毫沒有受到影響，公司的業務仍然能有條不紊地開展。試問，他們爲什麼能這麼省心呢？他們有什麼管理秘訣嗎？其實，他們也沒有特別的秘訣，只不過他們善於把恰當的工作交給恰當的員工去負責，讓大家各司其職，各行其事。

打一個很簡單的比喻，管理企業就像下象棋，老闆就是帥，要做的就是根據「車、馬、炮」的特點，給他們分配恰當的任務，讓他們既相對獨立作戰，又相互配合，使他們發揮最大的作用。如果帥用不好這幾個棋子，那麼「車、馬、炮」再厲害，都是廢子，完全發揮不了應有的作用。

有個老闆剛創業的時候，手下員工只有十幾人，那時候他經常深入一線，事必躬親。後來公司做大了，他依然用原來的辦法管理公司，經常忙到凌晨兩點，他明顯感到力不從心。終於有一天，他醒悟過來，覺得要改變策略。於是他把屬下幾個高層管理者叫到一起，和他們開了一個會。會議的內容大概是：從今天開始，他退出對公司瑣碎事務的管理。然後，他按照幾個高層的特點，給他們相應的許可權，讓他們分別負責銷售、行政事務、企業公關合作、招聘等工作。如果遇到重大事件，各高層無法獨立決策，方可通知他。自從他解放了自己之後，公司運營一切正常，他感到輕鬆了許多，有更多的時間去旅遊、運動、思考公司的長遠發展方向。

軍事家孫臏在排兵佈陣方面是天才，但是如果讓他手持長槍，與敵軍統帥較量高下，恐怕是要送死的；張飛衝鋒陷陣，勇冠三軍，如果讓他做軍師，坐在軍帳中運籌帷幄，肯定弄出大亂子。浪裏白跳張順擅長在水中格鬥，李逵擅長陸上廝殺，林沖擅長馬上廝殺……每個人都有自己最擅長的地方，讓他們做自己擅長的事情，他們才能把自己的優勢發揮得淋漓盡致。

著名的管理諮詢師馬庫斯·白金漢對大量的管理者進行研究後發現，平庸的管理者下跳棋，偉大的管理者下象棋。因爲跳棋的棋子都是一樣的，走法也相同，可以彼此替換，而象棋的棋子的能力、功效不同，走法各異。偉大的管理者瞭解並且懂得讓不同的員工做最適合自己的事情，他們善於整合員工，讓大家既各司其職又協調作戰。

管理心得

一個人永遠唱不了大合唱，管理者必須借助員工的力量，根據他們的「噪音」不同，讓他們分別唱高聲、低聲、中聲，大家合作起來，才能唱出動聽的交響曲。真正的領導者，只做三件事：選擇一些正確的事，選擇一些正確的人，再根據他們的特點，讓他們做最恰當的事。

Point 每個人都與眾不同，對下屬區別對待

每個人都有自己的優勢，也有自己的不足，每個人都是與眾不同的。用人的關鍵在於區別對待，揚長避短。所謂區別對待，就是指根據員工的長處、性格、興趣等，有所區別地使用他們、激勵他們，使他們最大限度地發揮自己的作用。

(1) 根據員工的長處分配工作

對一個公司來說，人力資源相對來說是有限的。因此，管理者要充分發揮人才的長處，而不要埋沒人才。為此，管理者要做的是根據員工的長處分配工作。

在楚漢爭霸時期，劉邦手下有三個幫手，分別是蕭何、張良、韓信，在長期的征戰中，劉邦漸漸發現蕭何心思縝密，處事謹慎小心；張良足智多謀，是一位運籌帷幄的謀士；韓信用兵打仗，堪稱舉世無雙。因此，在後來的征戰中，劉邦根據他們的優勢分配工作，他讓蕭何負責糧草等後備物資的籌畫、運輸工作，讓張良做帳下的重要謀士，拜韓信為大將軍，讓他負責帶兵打仗。最後，劉邦依靠這三個幫手，戰勝了不可一世的楚霸王項羽。由此可見，根據員工的長處分配工作，才能充分利用員工的優勢，從而給企業的發展帶來推動力。

(2)根據員工的性格來管理他們

不同的人性格特徵是不同的，管理者應該充分瞭解員工的性格，巧妙地運用它，使之能夠既顯其能，又避其短，這樣才能達到最高的管理境界。

心理學家把人的性格分爲四種類型，分別是膽汁質、多血質、黏液質、抑鬱質。不同性格的員工對工作崗位的適應性不同，所適合的工作也不同。比如，膽汁質的員工精力旺盛、性格剛強，但是缺點是粗心大意，不留意細節，因此，他們適合負責創新性的工作；多血質的員工性情活躍、反應敏捷、善於交際，對他們可以採取目標管理的方式，給他們設定目標和任務，讓他們自行選擇方法去執行；黏液質的員工比較安靜、忍耐力較強、性格堅定，他們喜歡實事求是，因此，適合把他們安排在需要條理性、冷靜和持久性的工作崗位上；抑鬱質的員工性情孤僻、細心敏感，對他們可以採取過程管理方式，給他們的任務略超過他們的能力，使他們體驗到成功，從而獲得信心。

(3)根據員工的興趣來任用他們

興趣是最好的老師，興趣可以帶給人欲望和動機，使人精力高度集中，能激發出人的工作熱情，從而發揮出他全部的才能。因此，在平時的接觸過程中，管理者應試著瞭解員工的興趣，盡可能給員工安排感興趣的工作，這樣員工往往能取得更好的工作成果。

(4) 巧妙利用具有「偏才」的員工

所謂「偏才」，指的是某些特別的才能、優勢、技能。如果管理者能夠發現員工身上的偏才，予以重用，往往能取得很好的效果。比如，《水滸傳》中的時遷，純粹是一個偷雞摸狗的混子，但是他有突出的特長——輕功很好，飛簷走壁，人稱「鼓上蚤」。在他上梁山之後，他的長處也派上了大用場。每當有重大軍事行動時，他都擔負著竊聽情報的工作。由此可見，善於發現並巧妙利用員工的「偏才」具有重要的意義。

管理心得

每個人才都是與眾不同的，他們有自己的優勢與不足，有自己的性格特點和做事習慣，身為管理者，只有區別對待，才能更好地與他們相處，激發他們的潛能，使他們為企業做更大的貢獻。

Point

要平等，但不要平起平坐

在公司裏，老闆與員工只有職位的不同，沒有人格的高低貴賤之分。但是不少老闆沒有意識到這一點，他們有意無意地擺架子，以顯得自己高人一等，似乎在刻意製造所謂的「威嚴」、

「威信」。結果導致員工與老闆之間有了層級分明的距離感，老闆在員工心目中沒有親和力，這樣很容易影響員工與老闆的交流。

真正高明的老闆懂得與員工打成一片，他們知道，與員工打成一片之後，便於充分瞭解他們的想法，可以更方便地溝通，這樣既可以培養大家的感情，又可以營造平等的公司氛圍，給大家一種人文關懷，從而激勵員工更積極地對待工作。在這方面，索尼公司的創始人盛田昭夫做得非常到位。

索尼公司是世界知名企業，公司的最高領導者盛田昭夫，能夠放下架子和員工平等相處，表現出極好的親和力。盛田昭夫喜歡和員工接觸，他經常到各個部門走動，瞭解具體情況，爭取有更多與員工溝通的機會。

他還有一個習慣，那就是每天中午和基層員工一起吃午餐。在吃飯的時候，與員工輕鬆隨意地交談，以便第一時間瞭解員工對公司制度、待遇等方面的看法和感受，進而快速出台更加合理、更加人性化的管理策略。

一天中午，盛田昭夫照例和員工一起吃午飯。席間大家有說有笑，但細心的他觀察到有名員工悶悶不樂。後來經過一番瞭解，得知該員工對他的直接上司不滿，因爲他的直接上司是個草包，對新來的員工橫挑鼻子豎挑眼，喜歡把下屬的功勞占爲己有，把自己的過錯推給下屬。得知這一情況後，盛田昭夫很快就召開了董事會，討論人事制度改革方案，以便給踏實肯幹的員工更多施展才華和晉升的機會。後來，那位員工成了公司的一名中層領導。

在盛田昭夫看來，管理不是獨裁，管理者應該和員工平等相處，因爲員工才是公司最重要的人。他曾說過：「在日本人的勞工關係裏，有一種別處罕見的平等作風，在索尼公司裏，白領與藍領階層罕有區別。如果某人是一名成功的勞工領袖，我們就希望他能加入管理階層。」

企業領導者與下屬和員工親切友善地相處，對他們表現出親切隨和、笑容可掬的態度，可以讓員工感受到領導者的人情味，從而更加努力地爲公司效勞。在這樣的企業裏，上下溝通協調，工作氛圍輕鬆活潑，對企業的發展是十分有利的。

國外有些大公司爲了營造公平、平等的企業文化，公司經理、董事長在工作時間同工人穿一樣的工作服，一起幹活，下班之後一起到酒吧喝酒聊天，他們甚至取消了經理、董事和其他高級管理者的專用洗手間、專用餐廳等。他們盡可能多地與員工交談、爭論，有時候和工人們一起擺弄有故障的機器。

管理心得

管理者與員工平起平坐，不代表他們失去了威信，關鍵時刻，他們該做決策時，還是力挽狂瀾的決策者；發佈命令，下達任務時，他們依然是領導者；執行的時候，他們一聲令下，依然充滿號召力。

Point 與員工保持適當的距離

在企業管理中，如果領導者與員工距離太遠，就無法施加影響力；如果領導者與員工的距離太近，又容易喪失原則，不利於樹立威信，不利於企業管理。因此，一個成功的領導者一定要善於與員工保持適當的距離。

法國總統戴高樂就是一位善於與下屬保持距離的領導者，他與下屬相處的原則是：「保持一定的距離！」這種相處之道深刻影響了他與顧問、智囊和參謀們的關係。在他十多年的總統歲月裏，與他一起共事的秘書處、辦公廳和私人參謀部等顧問和智囊機構，沒有一個人的工作年限超過了兩年以上。

戴高樂總是對新上任的辦公廳主任說：「我使用你兩年，正如人們不能以參謀部的工作作爲自己的職業，你也不能以辦公廳主任作爲自己的職業。」這就是戴高樂與下屬保持距離的一種體現。在戴高樂看來，只有調動，才能與下屬保持一定的距離，唯有保持一定的距離，才能使顧問和參謀的思維和決斷保持朝氣，還可以杜絕工作年限太久之後，顧問和參謀們利用總統和政府的名義徇私舞弊。

「距離產生美」，這是美學上的一句名言。

事實上，在管理者與下屬相處中，保持一定的距離也是非常有必要的。與員工保持一定的距離，既不會顯得你高高在上，也不會使你與員工攪和在一起，失了自己的身分和威嚴。關於這一點，通用電氣公司的前總裁斯通就非常認同。

斯通在工作中非常注意與下屬保持一定的距離。在工作場合和待遇問題上，斯通從來不吝嗇對部屬表達關愛，但是在工作之餘，他從來不邀請員工去家裏作客，也不接受他們的邀請。正是這種保持適度距離的管理策略，才使得通用公司的各項業務能夠如芝麻開花一樣節節高升。

管理心得

在與下屬保持距離的時候，管理者需要堅持一定的原則，比如，對所有的下屬都一視同仁，絕不和某些下屬過分親近，而和另一些下屬過分疏遠。做到了這一點，管理者才能真正約束自己，也間接地約束員工。掌握了這個原則，管理者也就真正掌握了與下屬保持適當距離的秘訣。

Point

認錯從上級開始，表功從下級啟動

在公司裏，如果派人出國考察，誰去？如果公司發獎金，誰拿得最多？如果公司有了配車，誰開？答案很明顯，領導幹部。既然領導幹部有這麼多、這麼好的優待，爲什麼工作中出了差錯，領導幹部卻不能第一個站出來認錯呢？

如果一個領導者不懂得認錯從自己開始，他絕對算不上是個英明的領導。真正英明的領導懂得認錯從自己開始，他知道這樣可以帶動員工對工作積極負責、勇於認錯和擔當。

張亞玲是法國愛可視駐中國區的總裁，她被稱爲中國ＭＰ四第一人，張亞玲有一個特點，當工作業績不佳、出了問題時，她首先會檢討自己。比如，法國愛可視在遠東地區做得不好，張亞玲先檢討自己，她從來不給自己找藉口，不說員工執行不力，也不說中國市場競爭太激烈。這一優點讓法國愛可視非常重視張亞玲。

作爲企業管理者，不僅僅要有第一個認錯的勇氣，還應該具備積極修正錯誤，彌補損失的強烈意識。也就是說，出了問題之後，不但要認錯，還要積極去改錯，這樣對員工才有號召力和感染力，才能在員工面前樹立威信。

有一天，美國紐約的希爾頓酒店的門口衝進來一個人，他對酒店的大堂經理說：「我車上的雨刷剛才還在，現在怎麼不見了？」

大堂經理馬上問他：「你那個雨刷大概多少錢？」

他說：「可能是八十美元，也可能是一百美元，按折舊算，可能是五十美元。」大堂經理毫不猶豫地掏錢給對方。

那個人走了之後，其他職員表示不解。大堂經理說：「那位先生的車是不是停在我們酒店門口？那個雨刷來的時候還在，現在不見了，對不對？如果這位先生向我們反映，我們卻不重視，結果會怎樣？也許他以後再也不會來我們酒店，也許他孩子的婚禮也不在我們酒店舉行，這是一隻雨刷能賺回來的嗎？」

這個例子充分表明了大堂經理是一個有責任和有擔當的人，這種擔當精神，值得每個老闆去學習。

管理心得

當你發現下屬不擔當、不認錯時，不要責怪他們，而要反省你自己。當工作出了問題時，不要發難於下屬，因為如果真是員工能力不行，那你當初招他們進來就是你的錯，所以，請先反省自己，從自己身上找原因。而在表功、發獎的時候，記得從下屬開始，這對下屬的付出是高度的肯定。

Point

尊重下屬，方能贏得下屬的尊重

管理與人息息相關，管事不如管人，管人不如「管心」，要想達到管心的目的，管理者就必須尊重員工、重視員工，這是最起碼的要求。「尊重」說起來容易，做起來卻很難，因為真正的尊重是一種很高的修養，是由裏而外透射出來的人格，而這種人格需要管理者長期地修煉，這也成爲衡量一個卓越管理者的標準。

一九四九年，在一次美國商界領袖們的聚會上，三十七歲的大衛·帕卡德對與會者所談論的「企業該如何追逐利潤」不以爲然，他在大會上發言時說：「一家公司有比爲股東掙錢更崇高的責任，我們應該對員工負責，應該承認他們的尊嚴。」

帕卡德對員工的尊重，就像希臘人民對其民主遺產的重視一樣，他尊重並欣賞每一個人的態度，對周圍的人和企業影響至深至遠。正是帕卡德的這種尊重他人的思想和精神，造就了今天的惠普。

很多老闆經常抱怨身邊沒有人才，找不到人才，或者感歎留不住人才。其實，這在某種程度上，與他們對人才的重視和尊重不夠有脫不了的干係。管理者只有加強自身修養，提高吸收人才的條件，營造令他們滿意的工作環境，才能表達對人才的尊重和重視，才能使身邊人才濟濟。

每個員工都渴望得到領導的尊重，一旦這種尊重得到了滿足，員工所獲得的快感將比物質上的獲得更爲強烈。領導者尊重下屬，才能贏得下屬的尊重，贏得下屬的回報。比如，劉邦被困巴蜀之時，築台拜韓信爲大將軍，極大地滿足了韓信的自尊心。後來，在韓信的輔佐下，劉邦殺出蜀中，奪得天下。

企業招賢納士、留住人才，謀求大業，就像劉邦拜將的道理一樣，尊重人才，才能贏得人才的忠心，才能獲得人才所帶給企業的巨大回報。因此，在企業內部，管理者應該宣導互相尊重的文化氛圍，營造和諧的上下級關係，即使員工犯錯了，也要照顧員工的自尊心，這種舉措必將贏得豐厚的收益。

貝特福特是美國石油大王洛克菲勒的下屬。有一次，他負責一樁南美的生意。不幸的是，生意失敗了，而且輸得很慘，他覺得沒臉見洛克菲勒，害怕洛克菲勒怒斥他。爲此，他好幾天都心神不寧。

這天，貝特福特硬著頭皮在公司召開董事會，並做好了接受批評的思想準備。沒想到，在董事會上，洛克菲勒並沒有批評他，而是態度溫和地說：「你在南美確實做了一件不成功的事，但大家都知道你盡力了，雖然失敗了，但我相信就算派別人去做，未必有人比你做得好，現在，我們正在計畫讓你重整旗鼓……」一席話，把貝特福特感動得說不出話來，之前的抑鬱一掃而光。

作爲一名明智的領導者，一定要保護下屬的自尊心。不要因爲下屬工作失誤而當眾批評他，即使你非常不喜歡他，也要表達尊重。因爲只有當你尊重下屬時，下屬才會尊重你，才會配合你的工作。

管理心得

尊重下屬表現為肯定下屬的付出和成績，不嘲笑下屬，不輕視下屬，尊重下屬的人格，認真對待下屬的建議，讓下屬感覺到對公司的重要性。尊重下屬還表現為滿足下屬的知情權、參與權、商量權和決定權，這樣才能讓下屬產生歸屬感，才會使工作熱情高漲。

Point

管理其實就是一個溝通的過程

無論是從理論上來說，還是從實踐上來看，管理自始至終都離不開溝通，管理的實質和核心就是溝通。通用電器公司總裁傑克．韋爾奇曾說過：「管理就是溝通、溝通、再溝通。」因爲管理的主體是活生生的人，如果管理者不向被管理對象輸出指令，就無法從被管理者那裏獲得資訊，也就無法實施有效的管理。

美國著名未來學家奈斯比特曾經說過：「未來競爭是管理的競爭，競爭的焦點在於每個社會組織內部成員之間及其與外部組織的有效溝通之上。」但事實上，要想達到有效的溝通效果，並不是一件容易的事情，因爲溝通時資訊發出者和資訊接受者由於理解不同，往往會產生誤差。

一家跨國公司的總經理對秘書說：「你幫我查一查我們公司有多少人在紐約工作，星期三的會議上，董事長會問到這一情況，你要盡可能準備得詳細一點。」

秘書接到這個任務，馬上給紐約分公司的秘書打電話：「董事長需要一份你們分公司所有工作人員的名單和檔案，請你儘快準備一下，兩天之內需要。」

分公司的秘書又告訴其經理：「董事長需要一份我們分公司所有工作人員的名單和檔案，可能還要其他材料，需要儘快送到。」

結果第二天早晨，公司大樓的大廳裏，出現了四大箱航空郵件，裏面是所有在紐約工作的員工的檔案資料。

這個例子充分說明，溝通中資訊的傳遞，會產生很大的誤差，由於表達不清晰，或傳話不到位，容易導致工作結果的偏差。因此，管理者在溝通時，要力求簡單明瞭、重要資訊交代清晰，以免下屬聽話時產生誤解，而耽誤工作進程和工作成果。

值得注意的是，溝通不僅是一個量的概念，不是要你開多少次晨會，也不是要你給員工發多少次郵件，寫多少頁報告，溝通更重要的是追求品質，要看你與員工有多少真誠有效的交流。只有這樣的溝通才有利於提高工作效率，才有利於激勵員工的積極性，在企業內部建立起良好的人際關係和組織氛圍。

管理心得

管理是領導者組織、指揮、領導、控制下屬去正確完成工作，按計劃實現工作目標。在這個過程中，再進行頻繁的資訊交流、回饋，即溝通。只有這樣，才能讓工作在控制下有條不紊地進行，從而達到預期的效果。

Point

管理者要有得力的「二把手」

什麼是「二把手」？簡單來講，皇帝是一把手，丞相就是二把手；董事長是一把手，總經理就是二把手；老闆是一把手，職業經理人就是二把手。當一個企業發展到一定規模和階段時，老闆若有一個得力的二把手，那麼對企業的發展將會有著不可估量的作用。比如，秦始皇在統一六國的過程中，二把手李斯功不可沒；劉備從織席販履之輩走向三足鼎立，二把手諸葛亮可謂勞苦功高。

微軟公司之所以能持續穩定發展，二把手鮑爾默可謂居功至偉。他在實際工作中，既發揮了強大的組織協調能力，又加強了各項權力範圍之內的事務管理。同時，他很好地彰顯出比爾·蓋茨運籌於帷幄之中、決勝於千里之外的雄才大略。可以說，微軟的天下是比爾·蓋茨打下來的，而微軟的江山是鮑爾默維護的。

對企業老闆而言，尋找一位得力的二把手，不僅是一種需要，更是一種必要。很多創業成功的老闆都有一個夢想，希望自己可以自由地享受生活，可以和家人朋友經常相聚，可以外出旅遊、打高爾夫球，可以不受日常事務的干擾，全身心投入到企業的戰略佈局中去……

其實這個夢想並非無法實現，只要找到一個得力的二把手，把公司千頭萬緒的事情交給他去辦，老闆就可以從繁雜的公司事務中解放出來，去做自己最想做的事情。然而，優秀的二把手並不是想找就能找到的，他應該是一位經歷過滄海桑田、有過相當豐富經驗的職場老鳥，他應該有管理企業的成功案例，他應該具備優秀的思想品質，忠於企業、忠於老闆，深得老闆的信任。

如果公司是老闆的孩子，那麼職業經理人就是孩子的保姆，負責孩子的日常生活，接送孩子上下學，不讓孩子餓著、凍著、出危險。這和職業經理人主持公司日常事務，有著非常相似的職能屬性。作爲公司老闆，要關注的是孩子的教育、發展方向、心理健康等問題，因爲這是父母的責任，而不要寄希望於保姆關注這些問題。也就是說，老闆要做好公司的發展規劃、大政方針的制定，而把具體的執行任務交給二把手統籌管理。

管理心得

作為管理者，可以讓二把手給你提建議，可以讓他幫你籌畫企業未來的發展規劃，但不宜讓他過多地介入公司的敏感事務，因為超過一定的界限，容易產生不必要的麻煩。你既不能把二把手當外人看，也不宜把他當家裏人看，這同樣是你應遵循的原則。

柔性管理是人本管理的核心

所謂柔性管理，是指以「人性化」爲標誌，對員工進行人格化管理的管理模式。柔性管理是相對於「剛性管理」而提出來的，剛性管理是以規章制度爲中心，用制度約束員工，而柔性管理是以人爲中心，從內心深處來激發每個員工的內在潛力、主動性和創造性，使員工心情舒暢、不遺餘力地爲企業貢獻力量。

在我國歷史上，漢光武帝劉秀成功踐行了柔性管理理念。西漢末年，王莽篡政，殘虐天下，在民不聊生、群雄並起的亂世危局中，劉秀靠著自己卓越的領導才能，不斷壯大自己的實力，最後推翻了王莽，清除了封建割據勢力，完成了統一大業。在此基礎上，他建立了安定的社會秩序，使百姓安居樂業，國家繁榮富強，史稱「光武中興」。

劉秀認爲，在管理中應該以柔克剛，即對人要仁德寬厚、廣施恩澤，表達厚愛。對待下屬，應該寬容豁達；對待百姓，要以寬鬆爲本；對待功臣，要高秩厚禮。劉秀還總結道：「吾理天下，亦欲以柔道行之。」從現代科學管理的角度來看，劉秀真正實踐了柔性管理。

日本「經營之神」松下幸之助也非常重視採用柔性管理策略，有一個例子就是很好的證明。有一次，他在餐廳招待客人，一行六個人都點了牛排。當大家吃完牛排時，松下幸之助讓助理把餐廳烹調牛排的主廚叫過來，並強調：「不要找經理，找主廚。」

主廚見到松下幸之助後，顯得有些緊張，因爲他知道客人來頭很大。沒想到，松下幸之助對主廚說：「你烹調的牛排，真的很好吃，你是位非常出色的廚師，但是我已經八十歲了，胃口大不如前。」

大家聽松下幸之助這樣說，都覺得很困惑，他們不知道松下幸之助到底想說什麼，過了一會兒他們才明白，松下幸之助說：「我把你叫來，是想告訴你，當你看到我只吃了一半的牛排被送回廚房時，不要難過，因爲那不是你的問題。」

試問，如果你是那位主廚，你聽到松下幸之助說的那番話後，會是什麼感受？你會不會覺得備受尊重呢？而一旁的客人聽到松下幸之助如此尊重他人，更加佩服松下幸之助的人格，更願意與他做生意了。

松下幸之助曾說過，當公司只有一百人時，他必須站在員工的最前面，以命令的口氣，指揮部屬工作；當公司的員工達到一千人時，他必須站在員工的中間，誠懇地請求員工鼎力相助；當公司的員工達到一萬人時，他只需要站在員工的後面，心存感激就可以了；當公司的員工達到五萬或十萬人時，他除了心存感激，還必須雙手合十，以拜佛的虔誠之心來領導大家。

從松下幸之助的話中，我們看到了柔性管理對企業發展的重要性。真正懂得真情關懷部屬感受的領導是英明的，因爲這樣可以完全捕獲部屬的心，並讓部屬心甘情願爲他們赴湯蹈火。因爲對別人的關心和善意，比任何禮物都能產生更好的效果。

管理心得

柔性管理強調內在重於外在，心理重於外力，身教重於言教，肯定重於否定，激勵重於控制，務實重於務虛。在如今這個競爭激烈的社會，柔性管理已經成了競爭取勝的優勢力量。因此，管理者要更加重視激發員工的積極性和創造性，重視培養員工的主動精神和自我約束意識。

Point 真正的聰明是大智若愚

經營企業就是經營人，管理企業就是管理人。經營人、管理人的關鍵，就在於老闆要懂得做人。很多老闆非常善於做事，生意上的利害得失，他們心中清清楚楚，顯得非常精明。但是在做人方面，卻依然秉承做生意的習慣——斤斤計較、苛求員工、嚴密監視員工，結果聰明反被聰明誤，把優秀的人才逼走了，導致企業困難重重。

比如，有些老闆不允許員工上班時間做任何與工作無關的事情，爲此，他們甚至在公司安裝攝影機，嚴密監視員工的一舉一動；不允許員工上班時間接電話，違者處以罰款。這些缺乏人情味的看似精明的做法，看似可以爲企業節省用人成本，實際上卻適得其反。因爲這些行爲會傷害員工的感情，讓員工感受不到尊重。

相反，有些老闆看似傻、糊塗、呆，經常做一些看似虧本的事情，在管理上抓大放小，而不是什麼事情都嚴密監管，對員工無關緊要的缺點、失誤不予計較，這樣做卻能深深贏得員工的心，激發出員工的工作激情，最後取得很好的經營效果。

畢老闆是一家傳媒公司的董事長，也是業界公認的「傻瓜」老闆，因為他把公司交給總經理後，大部分時間都在旅遊或釣魚，整天優哉遊哉。如果沒有重大事件，他基本上不露面。即使來公司了，也只是走馬觀花。

畢老闆喜歡隔三差五請員工吃飯，向大家表達感謝、感激之情。有意思的是，同行公司的老闆總是要求員工加班加點工作，畢老闆卻三令五申，一定要員工注意休息，千萬不能無故加班。在金融危機爆發時，同行紛紛下調員工的薪酬待遇，畢老闆卻堅決反對這麼做。

還有一次，員工在休假期間出了車禍，進了醫院。畢老闆聞訊趕到，並替員工承擔了全部醫療費用。有人說員工不是在上班期間出車禍的，公司無需承擔醫療費用，畢老闆卻傻呵呵地說：「員工家庭困難，醫藥費對他們來說太貴了，能幫就幫一下。」

對大多數公司來說，員工離職不是好事，老闆不克扣、延發離職員工的工資就算是對員工天大的恩賜，可畢老闆卻每次給離職員工舉行歡送會，感謝員工為企業做過的貢獻，並指出員工的諸多優點，祝願員工有更好的未來，還反覆叮囑員工：「有困難儘管找我，只要你願意回來，公司隨時為你敞開大門。」甚至還給離職員工多發兩個月的工資。但是，就是這麼一個「傻」老闆，卻能緊緊拴牢員工的心。很多員工離職不久後，又重回公司，而且不少員工還成了畢老闆的得力幹將。

畢老闆傻嗎？看似很傻，實則擁有大智慧。因爲他懂得關愛員工、感動員工、讓利員工，深諳「捨得」的道理，他知道在企業管理上，如果不捨得對員工付出真心、真情、真金，就難以真正贏得員工的心，得到員工的擁戴，激發員工的工作幹勁。這才是真正聰明的老闆。

管理心得

真正聰明的老闆，既看眼前的利益，更看重公司長遠的利益；真正聰明的老闆，明白「財散人聚，財聚人散」的道理，懂得分享財富，分享快樂，分享真感情；真正聰明的老闆，看似愚鈍、傻氣，很多事情不與員工計較，實則心明如鏡，寬容大度。這樣的老闆才是真正有智慧的人，才是優秀的管理者。

Point 可以看破，不能說破

中國人最講究什麼？面子。任何時候，都不要輕易傷害別人的面子，而要給別人一個體面的台階，這也是給自己留一個餘地。因此，做人不能太聰明，有些事情可以看破，心裏清楚就可以了，千萬不要自作聰明地說出來。因爲一旦說破了，就可能傷了別人的面子，就容易引來別人的怨恨甚至是報復。楊修之死就是最好的例證。

三國時期的楊修才思敏捷，一度深得曹操的器重。然而，由於他不懂得「看破不說破」的處世之道，屢次讓曹操「沒面子」，最後惹惱了曹操，被曹操處死了。

曹操生性多疑，怕人趁他睡覺時謀害自己，於是吩咐左右說：「我夢中好殺人，凡我睡著的時候，你們切勿近前。」一天，曹操在帳中睡覺，故意把被子弄到地上去，一個近侍見狀，就過去幫他把被子蓋好。結果，曹操跳起來拔劍殺了近侍。然後又到床上睡覺，醒來之後，曹操假裝什麼都不知道，問：「何人殺了我近侍？」大家如實相告，曹操假惺惺地表示痛苦，並厚葬了那位近侍。

人們都以爲曹操真的是夢中殺人，只有楊修看破了這一迷局。當那位近侍下葬時，楊修對著屍體哀歎道：「丞相非在夢中，君乃在夢中耳！」曹操得知這個消息後，從此十分厭惡楊修。

後來，發生了「雞肋事件」：曹操率軍攻打劉備的漢中之地，但劉備兵強馬壯，一時間難以攻克。在退不可退，攻又難攻的兩難之際，下屬問曹操：「今夜軍中的口令用什麼？」曹操見盤裏有一根雞的肋骨，便隨口道：「雞肋！」楊修自以爲是，認爲雞肋是指漢中，棄之可惜，食之無味，這是曹操的心情。於是吩咐士兵收拾行裝，準備撤兵。結果，曹操一怒之下，以「擾亂軍心」之罪殺了楊修。

楊修作爲下屬，處處說破上司的意圖，讓上司很沒面子，結果招致殺身之禍。同樣，作爲上司，如果處處點破下屬，讓下屬難堪，也會招致下屬的怨恨和厭煩。因此，管理者也要恪守「可以看破，但不要說破」的處世之道。比如，下屬和女朋友鬧矛盾了，領導看出了下屬不悅，猜測下屬發生了什麼事，但不要在大庭廣眾之下說出來，否則，下屬會很難堪的。

在著名的長篇電視劇《新結婚時代》中，小西的爸爸說過這樣一句話：「爲什麼非要把話說破呢？人都是有面子的，你把他捅穿了，於事無補不說，很可能會將矛盾激化。」這句話太有道理了，看破但不說破，確實是一種領導智慧，是一條非常重要的管理技巧。

管理心得

觀棋時，常聽人說：「看透莫說透，說透非朋友。」這是在勸誡旁人不要道破迷局。在管理中，領導者也需要記住這個原則，不要直言直語，道破玄機，否則，將招人反感，輕則傷和氣，重則招來禍害。

Point 讓下屬看到工作成果，明白工作的意義

曾經有一位心理學家做過這樣一個試驗，目的是研究工作成果對人工作效率的影響。他花錢雇來一名伐木工人，給他一把鋒利的斧頭，讓他砍樹，結果，伐木工人砍樹的效率非常高。

後來，心理學家給伐木工人雙倍的工資，讓他繼續砍樹，不同的是，這次要用斧頭背部砍樹。伐木工人幹了半天，也沒砍倒一棵樹，氣得他扔掉斧頭，大聲說：「不幹了。」

心理學家問他：「你為什麼不幹呢？我給你的可是雙倍的薪水。」

伐木工人說：「因為我看不到木片飛出來，也看不到樹木倒下去，幹得一點勁都沒有。」

心理學家經過研究認為，伐木工人所說的「木片飛出來、樹木倒下去」，指的就是工作成果。不管是什麼原因導致沒有工作成果，最終都會使人產生消極的情緒，會嚴重影響工作效率。其實，哪個下屬不希望看到「木片飛出來、樹木倒下去」呢？因為這些是勞動最直接的成果，也是自身價值的證明。所以，看到「木片飛出來、樹木倒下去」是每個下屬工作的意義所在。任何看不到「木片、樹木」的工作，都會使人產生厭倦、抵觸，因為那意味著對工作成果和工作價值的埋沒和湮滅。

即便你給下屬雙倍、三倍、十倍的工資，但下屬卻幹不出成果，他也不願意繼續幹。所以，管理者一定要想辦法讓下屬看到工作成果，讓下屬明白工作的意義。這樣才能讓工作對下屬產生吸引力，才能激勵下屬積極地工作。

有一家盲人工廠，專門生產各種螺絲釘。按理說，讓盲人從事這種十分標準化、專業化，程式控制化的工作是比較合適的，但這種工作無疑是單調的。為了激發盲人員工的工作積極性，公司管理層把他們每天生產的螺絲釘裝在一個木桶裏，然後讓盲人員工戴著手套去摸，使他們感受到一天的工作成果。同時，管理層告訴盲人員工：「你們生產的螺絲釘是安裝在飛機、輪船、各種機床上的，這些產品遠銷歐美國家和地區。」盲人員工聽了這話，內心感受到了安慰和驕傲，深深感受到了自己的勞動價值。

當員工看到工作成果，明白了工作的意義之後，他們就會從自己的工作中獲得成就感，體驗到深層次的自我滿足，獲得由衷的自豪感，進而朝著目標有效地努力。因此，管理者一定要確保員工看到「木片飛出來，樹木倒下去」的場景，而不要讓員工去猜測自己在幹什麼，去懷疑自己工作的價值和意義。

管理心得

在佈置一項任務時，管理者要把任務的大致情況告訴員工。在員工取得一定成果時，及時給員工肯定和表揚，使員工享受到工作成果帶來的精神滿足。另外，還要把團隊的工作成果分享給大家，以鼓舞大家的鬥志。

Point 領導者不要高高在上

不少企業管理者習慣於坐在辦公室裏，擺出一副高高在上的姿態，很少和基層員工打交道。在員工的心目中，他們威嚴有餘，但親和力不夠。如果他們適當地放平自己的心態，多走近一線，多走近員工，那麼不僅可以拉近與員工的距離，還能對員工起到很好的激勵作用。

瑞典一家繼電器和水暖器材公司，由於經營不善，公司業務迅速走下坡路，面臨重重困境。在這個關鍵時期，沃特斯走馬上任，擔任公司的總經理。在短短十八個月之後，他成功扭轉了公司的頹勢。他是怎樣做的呢？

原來，他上任之後，爲了幫員工重拾信心和自重感，積極深入車間，與普通員工接觸。據說一年中，他有一百五十天在生產車間度過。由於該公司坐落在小鎮上，公司的一舉一動都被周圍人關注，自然引來了不少媒體的關注。記者問沃特斯：「你接手的公司千瘡百孔，你爲什麼還不實施管理措施呢？」

媒體所說的「管理措施」指的是常規性的領導策略，即坐在辦公室裏，一本正經地做戰略規劃。沃特斯的回答是：「如果我不親臨現場，不重視現場工作，而是高高在上，坐在辦公室裏，那麼我怎麼能讓現場工作人員感受到自己的重要性呢？」

沃特斯正是通過放低姿態，深入現場，對員工實施激勵，使員工感受到了自己的重要性，從而迸發出了高昂的工作激情，最終以此扭轉了公司的頹勢。

無獨有偶，六十九歲的羅傑・米利肯——米利肯聯合公司的董事長，也重視深入前線與員工交流，他經常親臨車間現場，忙於與員工聊天，並親自擺弄機器。不要小看管理者的這種行爲，它的確能對員工產生強大的鼓舞，員工會想：原來老闆很重視我們基層員工。這樣一來，他們工作的積極性就會得到激發。

管理心得

身為管理者，為了改變高高在上的姿態，除了深入一線與普通員工接觸、交流之外，還可以在非工作時間和員工打成一片。比如，公司舉辦娛樂活動時，管理者不妨大膽地露兩手，哪怕水準有限，哪怕愚弄自己一番，只要能帶給大家歡笑，也不失為一種「親民政策」。這樣能讓員工看到管理者平易近人的一面，更容易贏得員工的好感。

Point 用建議代替命令

聽說過這樣一件小事：

有位先生請他的朋友幫忙辦一件事，由於這個朋友是他的哥兒們，所以，他客套話也沒講，直接用命令的口吻吩咐朋友去幫忙。朋友聽了他的吩咐後，雖然勉強答應下來，但心裏覺得不太舒服，心想：你憑什麼命令我？我應該給你做事嗎？於是，他拖拖拉拉不去辦，結果誤了時日。這位先生非常生氣，抱怨朋友不夠意思，而他的朋友覺得他不夠尊重自己，不宜深交，從此以後，兩人漸漸疏遠了，最後成了陌路人。

儘管是朋友，強硬的命令也會讓人不愉快。同樣，在企業管理中，儘管領導者有下達命令的權力，但在下命令的時候，如果態度強硬，員工也會感到不悅。因爲誰都不希望被呼來喚去，在強硬的命令下，員工感覺不到領導者的尊重，積極性就會受到打擊。因此，領導者不妨改變一下態度，用建議或商量的口吻下達命令，這樣更容易贏得員工的好感，更容易被員工接受。

有一次，南非約翰尼斯堡一家工廠的經理伊安・麥克唐吉收到了一份從未有過的大訂單。他知道，按照正常的工作進度，公司不可能提供這批產品，但命令員工加班，可能會激起大家的不滿。爲此，他想了一個辦法：

他把全體員工召集起來，共同討論這個問題。他先把這份訂單對公司的重要性解釋了一下，然後問全體員工：「我們可以接受這份大訂單嗎？你們已經夠辛苦了，我不想再讓大家加班。」「大家覺得是否可以調整一下工作安排，以便完成這份訂單呢？」

員工們提出了很多建議，有的員工自願晝夜加班，直到完成訂單；有的員工建議提高效率。但無論如何，大家都願意接下這份大訂單，並且最終順利完成了訂單。

爲什麼大家願意加班或者願意接下訂單呢？因爲麥克唐吉用「建議」的方法代替命令，使員工們感覺到了自己的「重要」性，獲得了尊重，也使他們獲得了激勵。俗話說：「士爲知己者死。」員工在感受到領導的重視之後，很自然地願意加班完成訂單。由此可見，用建議代替命令是非常高明的管理策略。

管理心得

在下達命令的時候，管理者應照顧員工的心理、情緒和感受，用建議性的口吻代替強硬的命令，員工才能感受到你的尊重和重視，他才願意接受你的命令。

Point 在講出對對方不利的消息時，要注意表達方法

在企業管理中，有時候管理者要向下屬通報不利的消息，所謂不利的消息，是指下屬聽了之後會不悅、生氣，甚至無法接受。比如，管理者不滿下屬的表現，指出下屬的問題，甚至辭退下屬。類似於這樣的消息，管理者在講述時，一定要注意表達方式方法，千萬不要言辭過激，引起下屬的強烈不滿，以至於把事情鬧大。

旅館大王希爾頓從創業開始，就創下一條經營原則：最低的收費，最佳的服務。爲此，他要求所有的員工，包括中層管理者，都必須與顧客以和爲貴。如果誰違反了這一規定，誰就要受到嚴厲的懲罰。

在管理中，希爾頓曾遇到這樣一件事：有位經理在爲客戶提供服務時，與顧客發生了爭執，最後和顧客吵了起來，對旅店造成了很壞的影響。當希爾頓得知這件事後，他非常氣憤。他馬上

找來那位經理，嚴厲地對他說：「你違背了公司的原則，所以你必須離開。」

希爾頓在說這句話的時候，沒有大發雷霆，言語顯得很平靜。儘管那位經理的業務能力很強，爲飯店做出了不小貢獻，但是希爾頓並沒有姑息他。正因爲希爾頓堅持以和爲貴的經營原則，最終使得他的旅店如雨後春筍般，在世界各地破土而出。

希爾頓在向下屬傳遞不利消息時，表現得十分冷靜，言辭之中充滿「不妥協」、「沒商量」的味道，使下屬清楚自己錯在了哪裏，不得不接受被裁的命運。

俗話說得好：「怎麼說要比說什麼更重要。」當管理者向下屬傳遞壞消息時，如果不注意表達方式，往往不利於下屬接受。如果管理者懂得注意方式，往往效果截然不同。比如，管理者對下屬說：「你負責的那個客戶出了點狀況，你打電話去瞭解一下吧！」「你到底是怎麼搞的，你負責的客戶怎麼跑了？」兩種說法相比，前一種說法肯定比下一種說法更容易被下屬接受。

在這裏，措辭用「狀況」，而不是「麻煩、問題」之類的激烈言辭，更有利於消除消息的負面刺激，從而給下屬一個緩衝情緒的時間。如果再配合你本人鎮定自若的語調，或配合你本人泰山壓頂而色不變的神態，那麼你還能給下屬留下鎮定沉穩的印象。

管理心得

在傳遞不利於下屬的消息時，要注意用詞和語調，如果你能用平靜的語調說出壞消息，並且在下屬情緒激憤時依然能冷靜應對，巧妙地說服下屬接受，那麼你就是高明的管理者。

Point 有獎勵切莫讓一人獨得

在企業管理中，有些管理者在獎勵員工時，只讓某一個人獨得獎賞。他們認爲，獎勵一人可以激勵一片，事實真的是這樣嗎？未必，因爲只獎勵一個人，往往會令其他員工受打擊，畢竟大家沒有功勞，也有苦勞。只獎勵一個人，意味著否定其他人的付出，不但對大家起不到激勵作用，反而會引起大家的不滿。所以，聰明的管理者懂得獎勵一片，讓盡可能多的部屬都能嘗到獎勵的甜頭。

建安十五年（二一〇年）春，銅雀台建造完工。在慶賀銅雀台落成的典禮上，曹操讓武將們比武助興，調一調現場氣氛。曹操讓人將一領紅色的錦衣戰袍掛在垂楊枝上，然後又設置了一些箭垛，以百步爲界。再把武官分成兩組：一組是曹氏家族，另一組是其他將士。

曹操對大家說：「誰射中箭垛紅心，我就賞他一件錦袍，誰射不中，我就罰他喝一杯水。」雖然這件錦袍並不值什麼錢，但它代表一種榮譽。就像足球世界盃裏的大力神杯一樣，因此，大家的積極性都非常高，都想在比試中獲勝。

比賽中，「曹家軍」和「聯軍」輪番施展出絕招，各自顯示武藝，彷彿兩軍對陣一樣。曹休一箭射中靶子的紅心，文騁也不甘示弱；曹洪一箭，夏侯淵也射中一箭。就這樣，你來我往，場上氣氛越來越濃，火藥味也越來越濃。

只見徐晃一箭射中掛袍的繩索，錦袍飄落在地，他騎馬飛馳而至，拿起旗袍披在肩上。正當徐晃準備「謝丞相袍」時，許褚飛馬來搶，兩人從馬上打到馬下，結果把錦袍撕碎了。曹操趕緊下令住手，徐晃和許褚兩人咬牙切齒，橫眉冷對。

曹操是個善於駕馭下屬的人，他肯定不會讓一件錦袍傷了大家的和氣，只見他馬上傳令：賞賜所有將領錦袍一件，這才消了徐晃和許褚的怒氣，場上的氣氛又重歸歡樂。

在上文中，如果曹操讓徐晃或許褚中的某一個人獨得獎賞，就犯了激勵的大忌。要知道，獎賞不公會造成嚴重的後遺症，必要的時候，一人獎一點，有利於平息眾怒，避免下屬之間產生矛盾。

同樣，在公司中，也不宜讓一個人獨得獎勵。作爲管理者，一定要搞清楚獎勵的目的是什麼——激勵人心，促進合作，促進團結。如果不能達到這個目的，還不如不獎勵。要不然，就找出更多獎勵員工的理由，比如，獎勵一個員工後，爲了平息大家對那個員工的不滿、對管理者的不滿，及時採取無預告的方式獎勵其他員工。只要某個員工提出了一項有用的建議，或在工作上有可圈可點之處，就可以借此頒發獎品，以資鼓勵。

管理心得

對員工實施獎勵，目的是激勵人心，贏得人心。如果因獎勵不公導致員工不滿，那麼獎勵就失去了意義。因此，有獎勵切莫讓一人獨得，可以採取主次有別的策略，按照員工的功勞大小進行有差別的獎勵，這樣才能服眾。

Point

及時滿足下屬的需求

有這樣一個故事：

維多利亞女王地位顯赫，經常高高在上，就連在丈夫面前也是如此。有一次，女王與丈夫吵了架，丈夫便獨自回到房間，閉門不出。待到就寢時，女王敲了敲房間的門，丈夫在裏面問：「誰？」維多利亞傲然回答：「女王。」沒想到，丈夫半天也沒有開門，女王沒辦法，只好再次敲門。丈夫又問：「誰？」女王答道：「維多利亞。」丈夫依然沒有開門。女王只好耐著性子繼續敲門，丈夫又問：「誰？」這一次女王學乖了，她說：「親愛的，我是你妻子。」這一次，門開了。

每個人都有不同的需求，維多利亞女王的丈夫也一樣，他要的不是女王，而是一個溫柔可人的妻子。同樣，公司員工也有不同的需求，根據心理學家馬斯洛的需求層級理論，人大致有這樣五種需求：

第一，**生理需要**，它是指人維持自身生存權利的最基本要求，包括衣食住行，如果這些需求得不到滿足，員工的生存就會出現問題。比如，員工在公司幹活，公司起碼應該讓他們吃飽飯，有水喝，有適當的休息時間。

第二，**安全需要**，比如，員工在公司上班，公司應該保證員工的生命安全，以免員工每天在惶恐不安中度過。

第三，**歸屬與愛的需要**，員工需要與人交往，需要別人的關愛，需要付出關愛，對公司有一種歸屬感。這就要求公司積極營造溫馨的人際交往氛圍，滿足員工被關懷的需要。

第四，**尊重需要**，每個員工都渴望得到領導者的尊重和贊許，得到公司的認可。因此，管理者一定要想辦法滿足員工的這種心理需求。在這裏，我們不妨舉個例子，看一看尊重員工、贊許員工會產生多大的激勵作用。

韓國某大型公司的一個清潔工，在一天晚上公司保險箱被竊時，與小偷殊死搏鬥。事後人們問他，爲什麼這麼拚命捍衛公司的財務？他的回答出人意料，他說：「每當公司的總經理從我身邊經過時，都會讚美我打掃得很乾淨。」

美國著名女企業家玫琳．凱曾經說過：「世界上有兩件東西比金錢和性更爲人們所需——認可與讚美。」領導者對員工一句簡單的讚美可以感動員工，這也驗證了「士爲知己者死」的道理。

第五，**自我實現的心理需要**，它是指實現個人理想、抱負，把個人能力發揮到最大程度，達到自我實現的境界。爲此，公司有必要爲員工提供適合的工作崗位，給員工提供發揮聰明才智的機會，讓員工的價值得到最大化的體現。

身爲企業的管理者，有必要針對員工不同需求的特點，以及同一人在不同時期的不同需要，及時讓員工得到滿足。當然，公司的資源是有限的，把這些有限的資源分攤到每個員工身上，不可能一下子滿足所有員工的需求。

因此，管理者只能抓住時機，在員工最需要被滿足的時候給予滿足，比如，員工都渴望獲得更多的假期，但是公司要發展，不可能滿足員工這個需求。

不過，當員工有事需要請假時，公司可以給予滿足，甚至可以法外開恩，多准員工幾天假，讓他把事情辦妥了，再回公司上班，這樣就很容易贏得員工的心了。

管理心得

下屬需要什麼、渴望什麼，你就滿足他們什麼，這叫投下屬所好，最能打動下屬，可以輕鬆俘獲下屬的忠心，使下屬對你充滿信任和支持。

Point 授權應避免「功能過剩」

在企業授權中，有些老闆爲了方便省事，把很多工一下子交給部屬，把處理這些事情的權力也一併給了部屬。

事實上，這樣授權真的方便省事嗎？其實未必，因爲這樣的授權方式會導致被授權者「功能過剩」，即被授權者享有太多的權力，往往不利於授權控制，不利於權力回收。

某公司的老闆老趙手下有幾名得力的中層管理者，他對這幾位管理者充分信任。公司發展到一定階段後，老趙就開始下放權力，能讓他們辦的事情，老趙堅決不插手。

但是老趙在授權時，有一個習慣：授權籠統，目標不明確。舉個例子：

公司有一個重要客戶需要攻關，老趙隨口對一位中層說：「這件事就交給你去辦了。」

中層說：「趙總，我去辦這件事了，公司的人事招聘誰來負責？」

老趙說：「人事招聘一直是你負責的，你繼續負責啊！」

中層說：「那行政事務呢？」

老趙說：「行政不也是你來負責嗎？當然是你繼續負責。」

就這樣，那位中層得到了授權，全權負責三件事情。

這不但加重了他的個人壓力，也引起了其他幾位中層的強烈不滿，他們心想：什麼權力都交給他了，我們幹什麼吃的？

最後，那位被授權的中層一人辦多事，分心了，事情辦砸了。而其他幾位中層消極怠工，反而能照拿工資，這時那位中層對另外幾位中層產生了不滿：憑什麼什麼事情都讓我做，我辛辛苦苦，到頭來沒撈一個好，他們悠閒悠閒的，太不公平了……

在這個例子中，趙老闆授權時犯了一個很大的錯誤：授權過多，目標任務過多，導致被授權者無法應付。

到最後，累垮了被授權者，還引起了其他中層的不滿。其實，正確的授權方法應該是「一次一授權」，即每一個任務只授權一次，而且只授權給一個人，這樣才能讓被授權者目標明確，各司其職，最終把任務執行到位。

管理心得

一次事件只授權一次，一個人同一時間只授一種權，這樣便於下屬樹立明確的目標，專心地完成管理者交給他的任務。站在管理者的角度，這種授權方式便於控制事態的發展，可以避免授權「功能過剩」。

Point

大膽用人，靈活用人

看過足球、籃球體育比賽的人大概都知道，主帥在用人的時候，有必要針對對手的排兵佈陣靈活地改變。當一方主帥換上進攻力強的球員時，另一方主帥要麼也換上進攻力強的球員，與對方展開對攻；要麼換上擅長防守的球員，克制對方的進攻火力，以達到有針對性地制勝的目的。如果主帥無視對方的換人，自顧自地排兵佈陣，就無法「知彼」，也就難以克敵制勝。

同樣，在企業管理中，管理者也應該根據實際工作情況、任務難易程度等因素來大膽用人、靈活用人，以達到以最小的人力成本，獲得最大的效益和產出。比如，公司臨時有個任務，難度不大，但是頗為費時，這個時候，管理者就要大膽使用能力一般、但耐性好的員工去負責；公司對某個人客戶心儀已久，想簽下他，但是競爭對手也在極力與其合作，這個時候，管理者應該使用能力突出、應變能力強的員工去負責。

要想做到靈活用人，管理者可以按員工的特長領域區別任用。比如，不同的員工對不同的領域有不一樣的瞭解，有些員工擅長與人打交道，適合做銷售、廣告公關，有些員工擅長管理，適合負責行政事務，有些員工擅長財務，適合做財務工作等等。對於有著不同優勢的員工，管理者應該瞭解他們的優勢，並把他們放在合適的崗位上，這樣他們的價值才能得到最大的發揮。

舉個例子，朱元璋打天下的時候，就善於根據部屬的特長予以不同的使用。他的手下有個人叫劉基，此人很有謀略，朱元璋讓他留在身邊，參與軍國大事；他手下有個人叫宋濂，此人擅長寫文章，朱元璋便叫他搞文化；他手下還有兩個人分別叫葉琛和章溢，他們頗有政治才幹，朱元璋便派他們去治民撫鎮。

要想做到靈活用人，管理者還要善於把握人才的最佳狀態，因爲人的特長隨著年齡的變化，隨著情緒的變化，也會發生相應的變化。比如，情緒低落的球員，競技狀態可能不穩定，這個時候，主帥往往選擇少用或不用。同樣，隨著員工年齡的增長、精力的變化，特長也可能漸漸衰變，反之，有些員工年輕氣盛，但歷練了一段時間後，變得沉穩老道，缺點變成了優點，一樣可以重用之。

另外，在用人時，還可以靈活多變地把不同的員工搭配在一起使用，比如男女搭配，幹活不累，可以使彼此保持工作積極性；老少搭配，年輕人可以從年長者身上學到豐富的工作經驗，年長者可以從年輕人身上感受到工作熱情。這樣，彼此相互影響，從而促進任務的圓滿完成。

管理心得

大膽用人、靈活用人，可以很好地避免大材小用、小材大用、庸才亂用、人才不用的用人弊端，可以最大限度地激發員工的潛能，使員工發揮自己的價值，這就是所謂的「人盡其才」。

Point

巧妙利用「刺頭」

在企業中，總有一些員工難以馴服，他們就像野馬一樣，有著桀驁不馴的個性，讓領導者頗爲頭疼。這種人有一個統稱，叫「刺頭」，意味著一不小心，可能會刺傷領導者，刺傷企業的命脈。但不可否認的是，他們也有獨特的優勢和特長，怎樣才能馴服他們爲企業所用呢？不妨先來看看林肯是怎麼對付「刺頭」的。

一八六〇年，林肯當選爲美國總統。一天，一個名叫巴恩的銀行家拜訪他，正巧碰見參議員蔡思走出林肯的辦公室。巴恩見到林肯後，對林肯說：「如果你要組建內閣，千萬不要將蔡思選入，因爲他是個自大的傢伙，他認爲自己比你偉大得多。」

林肯知道蔡思是什麼樣的人，此人非常自大狂妄，而且嫉妒心極強，他狂熱地追求最高的領導權，但落敗於林肯，只當了財政部長。不過，他也是個有才能的人，他在財政預算與宏觀調控方面有過人的能力。林肯一直非常器重他，因此，總是想方設法減少與他的衝突。

後來，亨利．雷蒙頓——《紐約時報》的主編拜訪林肯，再次提醒林肯小心蔡思，據說蔡思最近在狂熱地謀求總統職位。林肯幽默地說：「你在農村長大嗎？你知道馬蠅嗎？小時候，我和我的兄弟在農場耕地，我趕馬、他扶犁。可是那匹馬很懶，耕地慢騰騰的。但是有一段時間，牠跑得飛快。我觀察了一下，發現原來有個馬蠅在叮牠，於是把馬蠅打死了。但我哥哥告訴我，正是那個馬蠅，才使得馬跑得快。」

然後，林肯對亨利說：「現在，正好有個馬蠅叮著蔡思先生，這個馬蠅叫『總統欲』。只要它能使蔡思跑起來，我還不想打落它。」正是憑藉寬廣的胸襟和用人才能，林肯成了美國歷史上一位偉大的總統。

從林肯的故事中，我們可以發現：對待「刺頭」，管理者首先要有容人的度量，要看到對方的優點，將其優點爲我所用，至於他的缺點，只要無傷大雅，不妨睜一隻眼閉一隻眼吧。這樣才能減少與刺頭的摩擦，也才能讓刺頭爲企業創造價值和財富。

把眼光放回到企業，你會發現：很多企業也有像蔡思那樣的刺頭，也許他們狂妄自大，也許他們不守紀律，也許他們偷奸耍滑，但不可否認的是，他們有過人的才能，雖然他們看似目中無人，看似不好好工作，但依然能取得不錯的業績。對於這種員工，管理者總的策略應該是恩威並施、攻心爲上、以理服人。不到萬不得已，最好不要和他們撕破臉，請他離開公司。具體而言，管理者可以採取以下幾種辦法對付「刺頭」員工。

(1)**冷落法**：

在一定的時間範圍（小公司可能五到十天，大公司可以久一點，但最長不宜超過一個月）內，尤其當公司其他成員都忙忙碌碌時，管理者對刺頭員工不聞不問——既不給他分派任務，又不搭理他，讓他自己去冷靜，去反省。直到他坐不住了，來找你，你再和他談話。然後你熱情地接待，陳述問題，換位思考，讓他意識到自己的不足，主動提出配合你的管理。

（2）**打賭法**：

當刺頭員工不顧你的面子，當眾讓你難堪時，你可以變被動爲主動，和他打賭，現場約定：贏了，怎麼辦，輸了，怎麼辦。賭注的內容以工作爲重心，對他用激將法：某件事你一定無法辦到。刺頭員工一般比較狂妄，這時他一定會和你賭，這樣一來，你就很好地駕馭了他。如果他贏了，當眾表揚他，給他一些獎勵；如果他輸了，也不要過分批評，點到即止，讓他意識到自己的狂妄是不對的，挫其銳氣即可。

（3）**樹敵法**：

刺頭員工一般屬於典型的「負面」代表，針對他們，你可以在集體中找出一個「正面」代表，讓雙方相互較勁，不斷進取，而你只要從中調和，平衡力量即可。這一點就像乾隆皇帝對待紀曉嵐和和珅一樣。

（4）**打壓法**：

在恰當的時機，對刺頭員工進行打壓。比如，公司中有個員工表現非常優秀，在表揚他的時候，間接地批評刺頭員工。雖然你可能不指名道姓，但是刺頭員工一聽就知道你在批評他，從而打擊他囂張的氣焰。當他有一些改變時，你再給予肯定，讓他慢慢服從你的管理。

管理心得

也許「刺頭」員工讓你厭煩，但我們不可否認的是，他們也有自己的特長和優勢。你要做的就是充分利用他的長處，為公司的發展做貢獻。至於他的「刺」，你可以採取有針對性的辦法應對。

Point

用最高的位置把最有本事的人留下來

留住人才是企業一大難題，除了金錢留人，我們還不得不提到「職位留人」。因爲優秀的人才爲公司效力不僅僅爲了賺錢，他們還想獲得與能力相匹配的職位，以更好地施展自己的才華，獲得大家的認可。

很多人的骨子裏都有根深蒂固的「官本位」思想，隨著業績的不斷高升，他們也希望職務高升。舉個很簡單的例子，隨著業績的高升，銷售人員希望當主管；當上主管之後，他們希望當經理。因此，如果你瞭解人才的這種心理，不妨對能力出眾、業績突出的員工「封爵」，給他們榮譽和表揚。比如，企業可以設置傑出員工獎、銷售精英獎等稱號，鼓勵大家向先進者學習。在這方面，我們不妨借鑒一些知名的公司。

美國微軟公司爲了留住人才，公司的人力資源部制定了「職業階梯」文件，把員工從進入公司之後，一級一級向上發展的所有可能的職位都列出來。每個職位要具備什麼樣的工作能力、經驗和業績，相對應的薪金待遇是怎樣的，都有清楚的設定。

員工看到這個職位階梯之後，對自己今後的職業發展就有數了。在明確的晉升目標面前，他們往往會一步一個腳印地去行動，就像打仗一樣，攻克一座城池之後，繼續去攻克下一個城池。這樣他們會越來越有成就感，越來越有價值感。

當然，對於優秀的人才，管理者如果想把他留下來，僅僅按照「職位階梯」所規定的來賦予他職位是不夠的，必要的時候，要勇於打破常規，破格晉升。這樣可以讓人才看到企業留他的誠意，對優秀人才是一種無上的榮耀，是一種強人的激勵。

管理心得

人生在世，除了追求利，還要追求名，所謂「名利雙收」，就是這個道理。因此，管理者在滿足員工薪金期望的同時，不要忘了給員工想要的職位，這才是留住人才的雙保險。

Point 採取靈活多變的薪酬方式激勵員工

眾所周知，在馬斯洛需求層級理論中，人的需求是分層次的，只有滿足了低層次的需求之後，才會考慮高層次的需求。儘管工資只是作爲滿足低層次需求的保障條件，但是對絕大多數人來說，薪酬激勵依然那麼具有誘惑力和激勵作用。

對於工資低的公司，即便企業文化搞得再好，也難以激勵人心，留住人才。對於工資較高的公司，員工也不會拒絕薪酬激勵。因此，管理者一定要認識到薪酬在激勵中的作用。爲了能讓薪酬發揮最大的激勵作用，管理者應採取靈活多變的薪酬方式。

一般來說，靈活多變的薪酬方式包括以下幾個方面：

(1) **基於崗位的技能工資**

什麼崗位對應什麼樣的技能和素質，什麼樣的技能和素質對應什麼幅度的工資。通俗地說，這相當於很多企業所說的基本工資，基本工資是對一個員工基本能力的認可，也是對員工生活的基本保障，能給員工一定的安全感。

(2)按勞取酬的工資制

在基本工資的基礎上，結合按勞取酬的工資制，這種薪酬方式對勤勞肯幹的員工，對知識水準高、能力強的員工是最好的認可，對他們最有激勵性、最有吸引力。同時，對偷奸耍滑、不思進取的員工有很大的約束。舉個例子，如果公司主要實行按勞取酬的薪酬方式，那麼得過且過、混日子的員工由於不踏實工作，沒有多少業績，肯定無法獲得理想的收入。在這種情況下，他們要麼說服自己認真工作，要麼選擇離開。

(3)靈活的獎金制度

獎金作爲薪酬的一部分，相對於基本工資，主要是對員工爲公司所做的貢獻的一種獎勵。在國內，很多企業的獎金在相當程度上失去了激勵的意義，變成了固定的附加工資。美國通用電氣公司針對獎金制度發放中的利與弊進行了研究，建立了一套靈活的獎金發放制度，對員工起到了很好的激勵作用。

首先，通用公司割斷了獎金與權力之間的「臍帶」，也就是員工的獎金多少，與其職位高低沒有聯繫，這樣一來，高職位者再也不能高枕無憂地拿高額的獎金，而低職位者也不需要擔心自己的付出得不到公司的認可。換言之，全體員工的獎金都依據員工的業績來設定，使獎金起到了真正激勵先進的作用，也有利於防止高層領導放鬆工作、不勞而獲。

其次，通用公司的獎金是可逆性的，即不把獎金固定化，每個員工、每個月的獎金都是起伏不定的。這樣避免員工把獎金看作一種理所當然的收益，無形中讓獎金淪爲一種「額外工資」。通用電氣根據員工的表現隨時調整獎金的數額，讓員工既有成就感，也有危機感，從而很好地鞭策了他們做好本職工作。

(4) **團隊獎金**

儘管獎勵團隊不如獎勵個人有效果，但爲了防止上下級之間由於工資待遇相差太多造成心態不平衡，導致合作不力，爲了促使員工相互之間緊密合作，設置團隊獎金還是很有必要的。有些企業用於獎勵團隊的資金占到員工收入的很大比重，對打造團隊精神有很好的作用。

(5) **津貼、紅包**

所謂津貼，包括手機費用補貼、交通費用補貼、午餐補貼等等，而紅包主要包括過年、過節（特指傳統佳節）、員工生日等日子向員工發放的紅包。關於津貼、紅包的數額，公司最好執行統一標準，當然，銷售人員與行政人員由於工作性質不同，津貼可以不一樣。雖然津貼、紅包數額可能不多，但是能讓員工看到公司對大家的人文關懷，對員工也能產生一定的激勵作用。

管理心得

合理、靈活多變的薪酬方式是激勵員工的重要手段，也是激勵手段中最重要的一環。因此，管理者有必要結合工作具體情況，設置多樣化的薪酬方式，充分調動員工的積極性，避免員工產生惰性。

Point

讓下屬利益與公司利益緊密相關

人們只對自己有利的東西負責任，如果做一件事對自己沒有利，大多數人是不會認真做好的。因此，在企業管理中，只有把公司利益與個人利益聯繫起來，公司的利益才能得到保證。

佳美公司是一家大型的裝修公司，工程遍佈全國各地。在管理中，佳美公司的管理者碰到了一個頭疼的問題：公司配備給員工的裝修工具丟失率極高、損壞率極高，嚴重影響了正常工作的開展，同時，公司也爲此支付了高昂的費用。

爲了解決這個問題，公司採用嚴格的監督辦法，包括工具借用登記，檢查和維修。公司還通過嚴格的監督程式來規範員工的工作態度，可是效果並不明顯，爲此還浪費了大量的人力和物力。

後來，公司的管理者不斷摸索，決定採用一套新的工具管理制度：工程隊和員工自行購買工具，所有權歸員工，費用由公司和個人平攤。實行這個制度半年後，效果非常好，工具丟失和損壞的情況大爲改善，工具使用率得到了相當程度的提高。

半年後，公司進一步做出規定：所有小型的電動工具都由員工自行購買，公司每日補貼一元，工具的所有權仍歸員工。從此以後，公司的工具使用率出奇的好，解決了多年來未曾解決的問題。

一切管理的出發點是人，而不是事，因此，要想管好事，首先要管好人。要想管好人，必須有一個合理的制度。經濟學家哈耶克曾經說過：「一種壞的制度使好人做壞事，而一種好的制度會使壞人也做好事，制度並不是要改變人利己的本性，而是要利用人這種無法改變的利己心去做有利於社會的事。」

如果公司的制度沒有讓員工的利益與公司的利益緊密相關，員工就會失去工作的動力，反之，如果公司給員工提供的報酬讓員工感覺物超所值，他們就會按照公司的意願去做事。要記住，人們永遠不會安心地接受強迫的改變，所以，制度要順應人的本性，而不是力圖改變這種本性。

管理心得

當員工的表現不佳時，管理者應該從根本上去思考原因，看看制度是否存在激勵性和約束性。只有想辦法讓員工利益與公司的利益緊密掛鉤，員工才會把工作當成自己的事業去經營。這樣的企業才有發展壯大的希望。

Point

激發員工的使命感

工作是爲了賺錢、養家糊口，圖生存，這沒有錯。但如果工作僅僅是爲了賺錢，那麼，比爾．蓋茨爲什麼還要工作呢？因爲他工作不是爲了賺錢，他曾經說過：「我不是在爲金錢工作，錢讓我感到很累。工作中獲得的成就感和體現出來的使命感，才是我真正在意的。」

作爲管理者，不應該讓員工覺得工作只是爲了賺錢，還應該讓員工明白工作的崇高使命。要知道，世界上絕大多數百年企業，都有自己明確的使命。

比如，迪士尼公司的使命是使人們過得快活；索尼公司的使命是體驗發展技術造福大眾的快樂；惠普公司的使命是爲人類的幸福和發展做出技術貢獻；沃爾瑪公司的使命是給普通百姓提供機會，使他們能與富人一樣買到同樣的東西。當員工有了使命感之後，他才會把工作、公司當成自己的事業來經營。

工地上有三個人在建房子，有人問他們同樣的問題：「你在幹什麼？」

第一個工人說：「我在砌磚。」

第二個工人說：「我在建房子。」

第三個工人說：「我在建造世界上最宏偉的建築。」

多年以後，第一個工人還在砌磚，第二個工人成了包工頭，第三個工人成了建築師，他設計了很多宏偉的建築。

爲什麼從事相同的工作，三個工人的回答卻大不相同呢？其實，這與他們對工作的使命感的認識有直接關係。當一個員工沒有使命感時，他認爲工作只是謀生的手段，是痛苦的事情，而當一個員工有了使命感之後，他才會把工作當成事業去經營。

傑克．韋爾奇曾經說過：「使命感指引人們向何處前進。」

在他看來，使命感不是虛無縹緲的東西，而是實實在在的，它指引著我們前進的方向。有效的使命感可以使人在可能實現的目標和不可能實現的目標之間尋求一種平衡，使人有一個清晰的方向，以實現最終的目標爲導向。

管理心得

具有使命感的員工才會有鋼鐵般的意志力和實幹精神，才會有積極主動的工作態度，怎樣讓員工具備使命感呢？最好的辦法就是告訴員工工作的意義，引導員工認識到工作對社會所做的貢獻，這樣才能把平凡的工作上升到一種高度，產生一種強烈的使命感。

Point

讓員工把工作當成自己的事業

什麼東西才會讓員工不計利益得失而拚搏不息？也許是馬斯洛層級需求理論中的最高層次——自我實現的心理需求，讓員工對企業產生歸屬感、認同感和成就感，而企業要爲員工提供實現願望的平台和途徑。

企業管理者一定要明白，員工與你之間並非只是雇傭與被雇傭關係，如果真是那樣，員工只是工作的機器，在這種情況下，員工只是把工作當成工作，他們的潛能得不到激發，企業是不可能長久興旺發達的。只有將員工的利益與企業利益結合起來，員工才會把工作當成自己的事業，爲企業的騰飛做貢獻。

在康柏公司的招聘會上，他們會問應聘者：「你希望公司給你什麼？」他們會告訴應聘者：「我們給你的不僅是金錢，更重要的是前途和發展，這些是你所獲得的隱性利益。」

隱性利益就像職業發展的利息，比薪金更有價值，它能激發員工爲企業創造價值的願望。而當員工打算跳槽時，公司不會用加薪的辦法留住員工，因爲他們知道，金錢所起到的留人作用是短暫的，不能從根本上喚起員工對工作的渴望和熱愛。

與康柏公司相同，微軟公司也重視爲員工提供實現自我的平台，以使員工把工作當成自己的事業。在微軟，每一位員工都會得到賞識，他們的管理模式是「責任到人」。在微軟（中國）公司的市場推廣部，每一種產品專案下面，都有一個產品經理。他們負責產品的定位和市場推廣等一系列的工作，這對員工充滿了挑戰性和吸引力。

要想真正留住人才，使人才有用武之地，靠的是事業，給員工一份事業，員工才會給你一份驚喜。正所謂「授人以魚不如授人以漁」，僅僅給員工金錢是不夠的，還應該給員工心理上的成功感。這樣才能令員工歡欣鼓舞，員工才會把工作當成自己的事業，最終受益的是企業和員工雙方。

管理心得

管理者應該重視人才的作用，給員工提供充分的發展空間，開發他們的最大潛能。這樣員工在工作中得到的不僅是一份薪金，還有工作的成就感、被認可感、自我實現感。這樣員工才會把工作當成自己的事業。

中篇

攻心為上，管人要管心

Point

管人是管理之本，管心是管人之本

有人說，一個日本人是一條蟲，三個日本人是一條龍。這種說法雖然有些誇張，但用來形容日本人忠於企業、忠於團隊還是比較貼切的。在日本，很多企業把公司當成家，視企業如生命，與同事能夠精誠合作，當企業遇到困難時，大家抱成一團，共同克服危機。

爲什麼日本人能做到這些呢？其實，這與日本的企業管理哲學有很大的關係，日本企業推崇以人爲本的管理哲學，各大公司對員工普遍實行終身雇傭制、年功序列制、企業內工會等制度，把員工的利益和企業的利益捆綁在一起。試問，爲公司創造利潤，就是爲自己創造利益，誰不願意努力工作呢？

以人爲本的管理哲學，主要體現於管人管心，那就是充分尊重員工，把員工當做企業最重要的資源，根據員工的能力、特長、興趣、心理狀況等綜合情況，給員工安排最合適的工作，並在工作中充分考慮員工的成長和價值。這樣就能很好地調動員工的工作積極性、主動性和創造性，從而提高了工作效率，爲企業創造了利潤，爲企業發展做出了最大的貢獻。與此同時，員工的價值得以體現，需求得以滿足，員工才會真心真意地擁護企業。

著名人力資源專家李誠多次在培訓課程中告訴創業者：「管人管事不如管心。」他認爲，企業如果單純地用管理學來管人，是很難取得理想效果的，還需要用心理學進行干預。在他看來，管心是根本，管心的目的是激發團隊的潛能，提升大家的心智，爲企業創造更高的利潤。

李誠把員工分爲四類：一類是經濟人，即需要金錢滿足，因爲現代人生活壓力太大了。二類是社會人，即追求信任和理解，在公司工作追求開心；三類人追求自我實現，他們有很好的人生觀、價值觀，只想利用工作這個平台實現自我的價值；四類是複雜人，既全方位追求自我，也可以說是前三種需求的綜合體。

要想管好這些人，唯有從心靈入手，幫他們做出與企業發展相統一的職業規劃，讓他們既能賺到錢，又能快樂地工作，還能實現自我的價值。在這個規劃中，要宣導終身雇傭，宣導自我學習和提高，宣導平等競爭的理念，讓員工和企業一同成長和發展。

對企業管理者而言，只有管住了人，才能把企業管理好，因爲企業是由人構成的，企業發展靠的是人。而要管住人，最好的辦法是管住人的心，即要採用以人爲本的策略，真正贏得人心。這就要求管理者有識人心的能力。

俗話說：「畫龍畫虎難畫骨，知人知面不知心。」要想讀懂人心，就要掌握心理學技巧和攻心方法，懂得感情投資。作爲管理者，要做有心人，也許從下屬一個無意識的動作、一句不經意的話語中，你就能看出其內心的本意。然後，針對員工的本意，採取最貼心的關懷、最有力的說服、最動情的激勵。只有這樣，才能激發員工沉睡的潛能，讓員工變得更有效率，讓業績有更大的提升。

管理心得

管人、管心要求企業管理者學會讀懂人心，學會激勵人心，學會感情投資，滿足員工的物質和精神需求，幫員工提供實現自我價值的合適的平台，讓員工最大限度地發揮自己的能量。

Point

一個管理大師首先應當是一位心理大師

同是管理者，爲什麼不同的管理者所取得的管理效果差別那麼大呢？有些管理者三言兩語就能籠絡人心，讓下屬甘願爲其賣命；有些管理者大費周折搞薪酬、獎勵，卻弄得人人皆憤，只得到下屬背後議論、抱怨。爲什麼會這樣呢？其實，這與管理者是否懂員工的心理有很大的關係。

作爲管理者，應該瞭解人心、瞭解人性，確切地說，真正優秀、卓越的管理者，應該是一位心理學高手、心理學大師。

因爲只有懂人的心理，才能想人之所想，才能瞭解別人的思想動態，從而制定行之有效的激勵策略，制定順乎民意的企業制度，並在交際和商戰中運籌帷幄，爲公司制定有利的戰略，爲公司創造利潤。

樊經理是深圳一家企業的老闆，每到春節臨近時，他都會提前半個月給員工放假，他說：「員工離家一年了，每逢春節倍思親，因爲家中有年邁的父母，有妻子和兒女。我知道他們回家心切，因爲我也是從上班族一路走過來的，所以，我寧願提前放半個月的假，工資照發，也要讓他們過一個安心的年，來年再回來，爲公司創造價值。」

樊經理的做法與很多企業老闆有很大的不同，因爲很多公司到了年底，處於生意旺季，訂單數額巨大，這個時期需要加班加點地完成客戶的訂單。有些企業甚至不給員工放假，或到了除夕將至時才放假，到那個時候，員工買車票非常難。員工一年到頭，最期盼的是回家過年，年都過得不安心，怎麼讓他們對公司有好感呢？

樊經理的做法雖然對企業會造成一定的損失，但是很好地贏得了員工的心，公司員工離職率在同行業中，居於最低行列。公司人員穩定，公司在人事招聘方面就少了很多麻煩，減少了很多成本。最關鍵的是，員工對企業充滿認同感，工作積極性、工作效率非常高，爲企業創造了高額的利潤。

管理最關鍵的是管人，管人最關鍵的是管心，而管心的前提是必須懂心理學，不懂員工的心理，就不可能成爲出色的管理者。怎樣才能瞭解員工的內心呢？最簡單、最有效的辦法就是換位思考，把自己當成一名員工，或回想自己當年是一名普通員工時有什麼樣的心理，這樣你就能清楚地知道員工的心理動態了。

管理心得

企業管理是一門充滿看人、識人、用人、御人等綜合知識的高深藝術，只有懂心理的管理者才能激發員工的潛能，最大限度地發揮員工的價值。

Point 贏得人心，仁義比金錢更有效

說到贏得人心，就不得不提到清代著名的「紅頂商人」胡雪巖，他既能在官場混得開，又能在商場中混得來，靠的就是「仁義」二字。在他看來，仁義比金錢更有效，有時候，他寧願捨棄千金，也要留住人才，留住人心。

胡雪巖對待員工講究仁義，對待顧客也懂得用仁義收買人心。胡慶餘堂開張初期，胡雪巖經常穿著官服、頭戴花翎、胸掛朝珠，熱情地接待顧客。有一次，有位顧客來胡慶餘堂買了一盒胡氏辟瘟丹，拿到藥之後，打開一看，露出了不滿意的神情。

一旁的胡雪巖見狀，趕忙過來查看，見藥有欠缺之處，他向顧客再三致歉，然後讓店員給顧客換新藥。不巧的是，當天的辟瘟丹已經賣完，胡雪巖考慮顧客遠道而來，便讓顧客留下來住幾天，並保證三天之內，一定會把新藥趕製出來。三天後，胡雪巖兌現了諾言，把新配製的辟瘟丹給了顧客。顧客非常感動，他沒想到胡大官人服務這麼周到，後來，他到處宣揚胡雪巖的仁義待

客之道，給胡慶餘堂做了很好的廣告。

從胡雪巖的故事中，我們看到了他的仁義。他不僅對員工仁義，對待客戶也誠意相待，真正把顧客當成了上帝。這在當時那個年代，能做到這一點真的非常不容易，難怪胡雪巖能把生意做得那麼大。

管理心得

與胡雪巖經商的道理一樣，作為企業管理者，要想把公司經營強大，也需要通過仁義贏得員工的心、客戶的心。仁義就像一塊充滿美譽的看板，可以提升管理者的形象，提升企業的形象，可以給企業帶來無限的財源。

Point 新老員工一視同仁，切忌厚此薄彼

有些企業管理者對待新老員工時，感情色彩太重，對老員工偏袒、厚愛，對新員工冷漠、苛刻。這種截然不同的態度很容易增加新員工的心理負擔，引起新員工的不滿。在利益分割時，管理者如果不能一視同仁、平等對待，就會在無形中造成下屬之間產生心理隔閡，不利於新老員工之間和諧相處以及團隊建設。

有個網友在網上發帖子發洩內心的不滿，帖子的內容大致是這樣的：

> 到今天爲止，我來公司有兩個月了，有些同事比我來公司還晚，甚至有剛來的，對於我們這些未轉正的員工，公司給予的福利待遇與老員工的有很大的不同。中秋節來臨，公司通知了中秋福利的規定：老員工（入職一年以上）每人一桶花生油，一箱蘋果，一箱牛奶；新員工只有一桶花生油。

在帖子中，該網友大發不滿，他怎麼也想不明白，同是公司的員工，爲什麼公司所給的福利卻相差很大，爲什麼公司不能一視同仁地對待新老員工呢？儘管自己入職不久，但踏入公司門一天，也是公司的人，也爲公司做一天的事……

這位網友說得很好，「儘管自己入職不久，但踏入公司門一天，也是公司的人，也爲公司做一天的事」，鑒於此，企業有什麼理由不一視同仁地對待新老員工呢？原本發放福利是一種激勵策略，但因爲福利發放不公，造成了新員工不滿。作爲企業管理者，怎麼能允許這種情況存在呢？

公司是一個團隊，身爲管理者，你應該時刻想到如何維護團隊的團結，如何激勵全體的士氣，任何決策的出台，都應本著團結人心的目的。對於公司的新員工而言，他們是公司的新鮮血液，他們的加入可以對老員工形成挑戰，讓他們不至於固步自封，讓他們保持進取的精神。新員工就像一潭活水，可以調動整個團隊的氛圍。可以說，新員工的作用是不可估量的。

身爲管理者，一定要重視新員工，協調好新員工與老員工之間的關係。只有一視同仁，平等對待新老員工，才能營造公平公正的團隊氛圍，才能使新員工迸發出激情，更加努力地工作，也才能使老員工再接再厲，保證不落後於人。這樣，新老員工才能融爲一體，共同努力和進步，這樣的團隊才能充滿戰鬥力。

管理心得

新員工、老員工，都是公司的員工，管理者一定要一視同仁地對待他們，切不可因為不公平對待，導致他們產生隔閡，影響團隊和諧。否則，對企業發展將是致命的危害。

Point 幫新員工獲得團隊歸宿感

每個企業在發展過程中，都會不斷迎來新鮮的血液——新員工。新員工進入公司之後，面臨陌生的環境、陌生的同事、陌生的公司制度和企業文化，怎樣才能快速融入進來，獲得歸屬感呢？在這個過程中，管理者要做些什麼呢？

盛大遊戲有限公司首席技術官朱繼盛說：「在我看來，培養新人的團隊歸屬感，核心思想只有一點：給每一個員工機會，幫助他找到自己的舞台，施展自己的才華。」朱繼盛認爲，一個人只有找到了自己的舞台，他才會覺得心安，他才能獲得滿足感，這是無論多少金錢都換不來的。而這才是真正找到團隊歸屬感的靈魂所在，甚至已經超越了「歸屬」的簡單概念。

換言之，管理者要善於發掘新員工的專長，給他提供發揮專長的機會。這就要求給員工安排符合他興趣愛好、優勢特長的工作內容。如果新員工工作一段時間後，對其他專案比較感興趣，而那個專案也恰好需要人，管理者就可以將他安排到那個專案上去，讓新員工在自己喜歡的工作上發揮聰明才智，這樣有利於他獲得成就感。

北京某科技發展有限公司副總裁兼CTO（技術長）胡先生說：「無論你現在是何年齡、何階層、何職位，一定都曾當過職場『新人』。想想自己第一天進入公司的心情，是興奮、惶恐、不安，還是自信滿滿呢？或許都有一些吧！對於新員工的團隊歸屬感建設，首先必須給他安全感，讓他感覺自己受到了大家的照顧和重視，這樣他才會覺得安心。」

怎樣才能讓員工獲得照顧和重視呢？胡先生給出了一個很好的建議：在新人進入公司時，給他安排一個資深員工擔任他的「師父」，讓他帶著他來適應公司的環境，瞭解公司的制度、考核、企業文化，一步步帶領新人走進他所屬的團隊。

在工作過程中，新人遇到任何不懂的問題，都可以向「師父」請教，師父針對「徒弟」不懂的問題，進行針對性的解惑與輔導，甚至教他如何在團隊中與他人相處，如何求同存異，如何發揮自己的戰鬥力，讓「徒弟」感受到整個團隊帶給他的支持與鼓勵。這樣，「徒弟」就會漸漸對團隊產生認同感，最終激發出他對團隊的歸屬感。

管理心得

新員工進入企業後，企業要想辦法幫他們融入企業，讓新員工在理解企業文化的同時，盡力尋找自己的團隊歸屬感，這樣他們才會從心理上把企業當做自己的「家」，並產生主人翁意識，認真對待工作，為企業貢獻自己的一份力量。

Point 不能把資歷同能力畫等號

管理者在用人時，要特別注意一點：不能把資歷同能力畫等號。在企業內部，要克服只看資歷、不問能力的論資排輩的做法。因爲資歷只是年限和實踐經驗的一種反應，並不代表能力。因此，千萬不要認爲資歷越高，經驗就越豐富，能力就越強。

有一個機構曾對一五〇〇年到一九六〇年，世界一二四九名傑出科學家及他們的科研成果進行統計，發現他們大部分年齡在二十五歲到四十五歲。還有人統計了三百零一位諾貝爾獎的獲得者，發現三五到四五歲的獲獎者占百分之四十。由此可見，年齡不是衡量人才能力的唯一指標，因此，決不能把資歷與能力劃等號。

一九七〇年，麥當勞速食進入法國，並以驚人的速度擴張，平均每半個月就新開設一家分店。在這種情況下，用人量大增，爲了解決企業用人問題，麥當勞公司在招聘人才方面不拘一格，只要有能力，公司就會給他們合適的位置。

在招聘的人員中，既有剛畢業的年輕人，也有在其他地方工作過、具有一定經驗的中年人。所有通過考核的求職者，均要在餐店裏實習，以熟悉未來的工作環境，讓他們看一看工作環境與自己的意願是否一致；經過三天的實習，公司會與求職者進行第二次面試，再確定是否錄用。

進入麥當勞之後，無論你以前從事何種工作，必須當四到六個月的實習助理，以熟悉各部門的業務。然後，才有機會升爲二級助理，再升爲一級助理，即成爲經理的左膀右臂。進入麥當勞的新人經過平均二到三年，就可以成爲速食店的經理。在麥當勞，有能力才有晉升的空間，文憑的作用幾乎可以忽略不計。

同樣是初出茅廬，諸葛亮能一鳴驚人，趙括卻在紙上談兵。由此可見，資歷與能力不能畫等號，有些資歷深的人，卻有雄才大略，有些資歷深的人，卻是貨真價實的庸才。因此，不要用資歷去評判人才。

管理心得

企業用人，應該重視人才的能力，而非資歷。很多管理者喜歡根據人才的資歷推斷人才的能力，這是不科學的。如果你想知道人才的能力，不妨給他機會，讓他在實際工作中有機會展現自己，這樣一來，對方是否有能力就一目了然了。

Point 相信員工能做好，讓他們自由發揮

請看下面這個案例：

有一位中國化妝品公司的總經理在分公司視察，看見一位美國調色師正在調口紅的顏色，他忍不住走過去問道：「這種口紅好看嗎？」

那位調色師答道：「親愛的總經理（美國人通常喜歡直呼其名，當他們稱呼別人的頭銜時，表明心中已經不愉快了），我想告訴你：第一，這種口紅的顏色還沒有完全定案，定案之後，我會拿給你看，請你現在不要擔心；第二，我是一個專業調色師，我有我的專業，如果你覺得你可以調出更好的顏色，你來調吧！；第三，這個口紅是給女人擦的，而你是個男人。只要所有的女人喜歡擦，你不喜歡也沒關係，但如果只有你喜歡，而大多數女人不喜歡，那就完了。」

「Sorry，Sorry……」這位總經理馬上道歉。

案例中的總經理隨便插了一句話，卻干擾了下屬的發揮空間，引起了下屬的不滿。在企業管理中，管理者切記不要過多干涉下屬的工作，不要對任何事情都插手，而要給下屬留一些自由發

揮的空間。因為你不是全才，你不可能十八般武藝樣樣精通，你所說的不一定對，而下屬按照自己的獨到見解去行事，也許能把事情做得更好。

管理心得

通常來說，每個員工都是某方面的專才，既然你把工作交給了他，就應該相信他有能力勝任。你可以過問，但不要干涉；你可以提建議，但不要輕易質疑。當然，你更應該給他們信任和欣賞，給他們支持和鼓勵，這樣他們才會把工作做得更好。

Point

用人不疑，是基本的準則

幾乎每個管理者都聽說過這樣一句話：「用人不疑，疑人不用。」所謂用人不疑，首先是指對所用之人的能力、人品不存疑慮，敢於把工作交付於他，並堅信他能做好。在被授權者完成這項工作的過程中，無論外界如何質疑，授權者一直要對被授權者保持信任。其次，由於主觀的、客觀的、各種各樣的原因，導致被授權者工作出現失誤，授權者對他依然要保持信任，還會繼續授權給他，繼續重用他。

秦武王想攻打韓國時，任命甘茂爲主將，甘茂在出發前，對秦武王說：「韓國宜陽是一座大城，加上途中有很多艱難險阻，與秦國相差千里，攻打起來恐怕不容易。我真的很擔心，我出征之後，會不會有人借此機會誹謗我。」

秦武王說：「不會的，你放心地去吧！」

甘茂說：「從前，有個與孔子弟子曾參同名的人殺了人，聽者以訛傳訛，最後傳到了曾參母親的耳朵裏。曾母絕不相信兒子殺了人，但是接二連三有人來報告同一件事，她就開始擔心起來，於是勸兒子出逃。」

說完這個故事，甘茂接著說：「我的人品不如曾參，大王對我的信任也不如曾母對兒子的信任。而且，懷疑我的人不止三個，所以，我很擔心，一旦我沒有順利攻下宜陽，就有人進讒言陷害我。」

秦武王聽了甘茂的話之後，斬釘截鐵地說：「你放心，我絕對不會聽信讒言，我願意發誓。」於是，甘茂率軍進攻宜陽去了。開戰之後，一晃就是五個月，甘茂用了五個月的時間也沒有攻下宜陽，這時候有人開始進讒言陷害他。秦武王把甘茂之前對他說的話忘得一乾二淨，也把自己的誓言忘掉了，他把甘茂召了回來。甘茂非常生氣，嚴厲地質問秦武王：「大王難道忘了你的承諾嗎？」

這時秦武王才想起之前的承諾，馬上改變態度，動員全軍支持甘茂。最後，甘茂不負眾望，攻下了宜陽。

在這個故事中，秦武王所犯的錯誤，也是很多管理者常犯的錯誤。在一開始授權時，信誓旦旦，表示信任下屬，一旦下屬執行遇到困難，就開始質疑下屬的能力。值得慶幸的是，秦武王及時醒悟過來了，但現實中，又有多少管理者迷途知返呢？

信任是管理者與下屬之間一種最可貴的感情，管理者用人的前提是信任下屬，因爲只有信任下屬，管理者才放心把工作交給下屬。只有信任下屬，才能激發下屬發揮積極性、主動性、創造性，這樣下屬才能把工作做好。

管理心得

用人不疑，才能激發員工的責任感和使命感，才能激發員工的潛能。如果你想下屬把工作做好，就去信任他，否則，一開始就不要把工作交給他。當然，這並不意味著授權之後沒有監督。

Point

當糊塗時糊塗，放下屬一馬

鄭板橋曾經說過一句名言：「難得糊塗。」這句話對領導者管理企業也很有啓發。在管理中，做領導的沒必要事事精明，錙銖必較，對於下屬所犯的無關緊要的過失，試著裝一裝糊塗，放下屬一馬，既能顯示出你的大度，又能讓你贏得下屬的感激，何樂而不爲呢？

在《宋史》中，記載了這樣一個故事：

有一天，宋太宗和兩位重臣在北陵園喝酒，他們一邊喝一邊聊。沒過多久，兩位重臣都喝醉了，竟在宋太宗面前相互炫耀功勞，他們都不認輸，都說自己功勞大。到最後，居然鬥起嘴來，完全忘了一旁的宋太宗，把君臣禮節拋之腦後。

一旁的侍衛實在看不下去了，便小聲地奏請宋太宗，處罰這兩位無禮重臣。宋太宗沒有同意，只是草草撤了酒席，派人分別把他們送回家。

第二天上午，兩位大臣從沉睡中醒來，想起昨天的事情，惶恐萬分，趕忙進宮請罪。宋太宗看著他們戰戰兢兢的狼狽樣子，輕描淡寫地說：「昨天我也喝醉了，什麼也記不起來了。」

兩位大臣知道，宋太宗這是裝糊塗，有意放他們一馬，因此，馬上感謝宋太宗的不責之恩。從此以後，兩人更加忠心地輔佐宋太宗。

古人說：「水至清則無魚，人至察則無徒。」其實講的就是凡事不要太精明，對於下屬那些無傷大雅的小過錯，管理者不妨糊塗一點，不去和下屬計較。比如，上班時間，你發現下屬看新聞、玩微博、聊QQ時，沒必要當場點破，只要你從他身邊走過，他肯定就會收斂起來。反之，如果你對下屬吹毛求疵，要求他們上班八小時一刻也不能分神，那無異於雞蛋裏挑骨頭，因爲上班過程中，也需要片刻的放鬆。

當糊塗的時候裝糊塗，可以給員工留一個台階，留一個面子，避免不必要的尷尬。同時，還能讓下屬感受到管理者的寬容和大度，從而激發下屬的自覺意識，讓他更好地約束自己的言行。這樣有助於贏得下屬的擁戴，營造和諧的上下級關係。

管理心得

該精明的時候要精明，該裝糊塗的時候要糊塗，這是深藏不露的管理智慧，也是寬容大度的待人技巧。當然，這並不等於一味地睜一隻眼閉一隻眼，管理者什麼時候該糊塗，什麼時候該精明，一定要心中清楚。

Point

用「精神薪資」彌補「物質薪資」

金錢雖好，但金錢並不是萬能的。再者，企業給員工提供的物質薪資，也許與下屬的期望值永遠都有差距。在這種情況下，怎樣增加下屬對企業的滿意度呢？最好的辦法是用「精神薪資」彌補「物質薪資」的不足。

所謂「精神薪資」，指的是精神獎勵，比如，一句讚美、一聲祝福、一個親切的問候、一次有力的握手等等，又或者是送給下屬一個小禮物、請下屬吃一頓飯、給下屬頒發一個獎賞等等，都能給下屬帶去強大的能量。

從一個小作坊壯大成全國包裝行業的龍頭老大，山東麗鵬公司一路走來，堅持採用「精神薪酬」，很好地滿足了員工的精神需求，激發了員工的潛能。公司一貫重視關心員工的生活，滿足員工的不同需求。董事長孫世堯說：「我的任務有三條，一是制定公司的發展戰略；二是培訓選拔各級幹部；三是負責員工的後勤服務工作，讓員工生活好、娛樂好。」

孫世堯所說的第三條任務，指的就是對員工支付「精神薪酬」。他不僅關心員工的物質生活，還非常關心員工的精神生活。公司先後投資四百多萬元，建立起一個集學習、娛樂、開會爲一體的培訓娛樂中心，裏面還有一個可容納八百人的禮堂，還有一個可容納兩千多人的室內運動場，既有羽毛球館，也有圖書館。

公司經常開展豐富多彩的文化娛樂活動，比如，組織夏令營，組織運動會，舉辦國慶宴會，組織各種文藝活動、知識競賽、演講比賽等等，極大地豐富了員工們的業餘生活。

此外，孫世堯和其他管理者還很重視表揚員工、關注員工，對員工噓寒問暖。他們經常深入員工之中，與員工談心，瞭解員工的感受，徵求員工對公司的意見和建議，讓員工獲得了被尊重的滿足。

精神薪資花錢並不多，但卻能讓下屬感到被尊重、被理解、被重視、被認可。這是任何物質薪酬都無法替代的。而且從長遠來看，實行物質薪酬的激勵作用不如精神薪酬的激勵作用大。因爲金錢是有價的、有限的，用光了就沒有了，而尊重、理解、重視、認可則是無價的，可以帶給人自信和激情，使人感受到崇高的信譽和榮耀。因此，「金錢」雖然貴，但「精神」價更高。

管理心得

精神薪酬是員工渴盼的精神財富，身為管理者，一定不要吝嗇給予。要知道，員工上班雖然是為了賺錢，但員工不僅僅為了賺錢，員工渴望獲得精神獎勵，得到心理認同，如果你滿足他們這種心理，就能產生很好的激勵效果。

Point 以權壓人，並非理智的選擇

很多企業管理者習慣於以權壓人，他們認爲，管理者就應該高高在上，對下屬吆五喝六，管理者就要頤指氣使地指揮下屬，否則就失去了做管理者的威信。因此，他們時時處處對員工動「威」。通常而言，管理者以權壓人，處處動威的表現有這樣幾點：

(1)**經常強硬地命令員工**，比如說：「我叫你怎麼做，就怎麼做，如果做不好，我就開除你。」這樣往往會傷害員工的自尊心，引起員工的抵觸情緒，只能收到相反的效果。

(2)**在態度上漠視員工**。對於員工的意見，不予理睬；對於員工的需求，不予尊重。這樣只會導致員工反感和不配合，使管理嚴重失效。

毫無疑問，以權壓人的管理方式很難達到管人關心的目的。只有改變管理方式，在管理中多一點人性關懷，多一點尊重和理解，才能真正贏得員工的擁戴。

有一家鋼鐵公司出現了員工消極怠工的現象，老闆心急如焚，絞盡腦汁出台措施，制定了嚴厲的獎懲條律，比如，員工完不成任務，扣發工資；粗暴地斥責犯錯的員工，以施加壓力。然而，這樣做並沒有取得預想的管理效果。

走投無路之際，老闆請來一位管理專家，讓他幫忙診斷、解決公司存在的問題。管理專家來到公司後，在公司轉悠了幾圈，便找到了問題的根源。他對公司老闆說：「你們要做的，就是把每個男員工當成紳士來對待，把每個女員工當成高貴的女士來對待。具體怎麼做，我已經寫在了這張紙上，你照辦就行。」說完，他遞給老闆一張紙。

老闆打開紙一看，上面赫然寫著：「尊重、愛護每一位員工，關懷他們、傾聽他們、信任他們、讚賞他們……」老闆沒想到，自己覺得如此棘手的問題，居然用這麼簡單的辦法就可以解決。他半信半疑地按照專家所說的做，一個月之後，他給管理專家打電話，說公司的問題解決了，員工工作積極性高漲，公司業績有了很大的提高。

面對公司出現的問題，公司老闆一開始採取強硬的措施、以權壓人，可是沒有收到任何效果。爲什麼會這樣呢？因爲哪裏有壓迫，哪裏就有反抗，即使在現代企業中，反抗依然存在。若不聽從管理專家的意見，把每個男員工當做紳士來對待，把每個女員工當做高貴的女士來對待，對員工表現出足夠的尊重、愛護，怎麼會收到理想的管理效果呢？由此可見，管人不如管心，只有管住了員工的心，才能贏得員工的真心服從。

管理心得

以權壓人，並不是理智的管理方式，因為每個員工都希望得到尊重，得到欣賞，得到領導者的重視。管理者只有尊重每一位員工，愛護每一位員工，才能贏得員工的心。

Point 尊重下屬，不可踐踏下屬的自尊

俗語說：「樹有皮，人有臉。」所謂的臉，指的就是一個人的自尊。身爲管理者，要本著尊重下屬的原則與下屬相處，千萬不要傷害下屬的自尊心，更不可惡意地踐踏下屬的自尊。即便下屬犯錯了，你在批評下屬的時候也要注意語氣態度和措辭，因爲在自尊和人格上，上級與下屬是平等的。如果管理者不顧下屬的自尊，任意踐踏下屬的自尊，下屬往往會被激怒，然後反過來攻

擊你，刺傷你的自尊。

在印尼的海洋石油鑽井台上，一位經理看到一位雇工表現比較糟糕，當場怒氣沖沖地對一旁的計時員說：「告訴那個混賬東西，這裏不需要懶人，讓他跳到海水裏，游泳滾開！」

那位雇員聽到這句粗魯的話之後，自尊心受到了極大的創傷，他被徹底激怒了，當即抄起一把斧子就朝經理衝了過來。經理見狀，大驚失色，在地上爬著滾落到井架下面的工棚裏。那位雇員追到工棚裏，惡狠狠地砍破了大門。這時，幸虧其他雇員及時趕到，極力勸阻，才避免了一場災禍。

雇員的行爲固然過激，但這是誰引起的呢？很明顯，是那位經理出口傷人，踐踏了雇員的自尊，才激起了雇員的憤怒和仇恨。身爲管理者，應該在找到事實依據的前提下，以理服人地批評下屬，而不應該粗暴地指責，甚至是侮辱下屬。雖然管理者被賦予了權力，但也不應該濫用權力，更不能耀武揚威地傷害員工的自尊。

要知道，沒有人喜歡被別人騎在頭上、騎在胯下、踩在腳下。雖然下屬的職位低於管理者，但他們也是有血有肉、有自尊、有感情的人。所以，如果你希望下屬尊重你、服從你，而不是抄著斧子追殺你，那麼就要學會尊重下屬。只有你尊重他們，他們才會尊重你。尊重不需要花多少錢，但是卻能產生很大的激勵效果。比如，你進出公司，向門衛師傅打一聲招呼，問一聲好，門衛師傅感受到了你的尊重，很可能會更加認真負責。

管理心得

尊重員工是管理者管理好公司的必然要求，只有下屬得到了應有的尊重，他們才會尊重管理者；只有尊重下屬，管理者才有可能與下屬保持和諧的關係；只有尊重下屬，下屬才有可能服從管理者，繼而認真地對待工作。

Point

瞭解下屬的痛處，然後機智地避開

有這樣一則寓言：

一位樵夫在砍柴時救了一隻小熊，母熊對他非常感激。一天，母熊邀請樵夫來家裏共進晚宴。晚宴結束之後，樵夫對母熊說：「你的晚宴非常豐盛，但是我唯一不滿意的就是你身上的那股騷臭味。」

母熊雖然非常不高興，但是面對自己的恩人，牠還是強忍著怒氣，說：「作爲補償，你砍我一斧子吧，算是我對你的補償。」樵夫照做了，若干年後，樵夫與母熊相遇，問：「你頭上的傷好了嗎？」母熊說：「傷口早就好了，我也忘記了，不過，那次你說的話，我一輩子都記得。」

這則寓言告訴我們：揭人傷疤、戳人痛處，比砍別人一刀帶給別人的傷害更大，而且對方會永遠記住你的傷害。所以，任何時候都不要揭人傷疤、戳人痛處。

在管理中，管理者傷害下屬顏面，通常有兩種情況：一是撂狠話，否定、輕視、詆毀下屬的人格和工作能力，進而刺傷下屬的自尊心；二是揭下屬的傷疤，戳下屬的痛處，抖露下屬的隱私，讓下屬羞於見人。兩者相比，後者對人的自尊心傷害更大，它就像剝掉人的外衣，讓人赤裸裸地曝光在公眾面前，受眾人的唾棄。

每個人都可能有不爲人知的傷疤、曾犯下的錯誤，甚至做過不光彩的事情。對於下屬身上的這些「痛處」，管理者應該理智地避而不談，甚至當別人不小心談及時，管理者還應該巧妙地轉移話題，保護下屬的顏面，這樣做才是最明智的。

如果管理者揭了下屬的傷疤，戳了下屬的痛處，下屬可能用同樣的方式來反擊，也可能因爲顧及上司的顏面而忍氣吞聲、不發作，但是在往後的日子裏，他們一定會處處提防著上司，把上司視爲敵人。這樣一來，管理者的工作就很難開展下去。

也許你會說：「並不是我故意要揭他傷疤、戳他痛處的，而是他的態度實在太惡劣，我沒看到他有一絲悔改，我也是無法忍受才說出來的。」很遺憾，這樣的辯解並不能取得下屬的諒解，因爲即便他態度惡劣，你也只能針對他的態度加以警告。你可以採用暗示的方法，對他說：「過去的事情我就不提了，希望你心裏明白。」

值得注意的是，有些管理者也會暗示下屬，但他們是怎麼做的呢？他們在盛怒的時候，對下屬說：「你少跟我鬥，我知道你不光彩的事情，要不要我當著大家的面說出來啊？」可憐的下屬如果確實有污點掌握在別人手裏，只好忍氣吞聲，但是他心裏會非常氣憤，等到這種憤怒積累到一定程度，就會徹底爆發出來。

因此，身爲管理者，你一定要清楚，戳人痛處是最糟糕的行爲。因爲每個人都有不願意提及的不堪回首的往事，換位思考一下，你自己是否也有不想被人戳的痛處呢？所以，當你瞭解到下屬的痛處之後，請學會機智地避開。

管理心得

切記，不要揭下屬的傷疤、戳下屬的痛處。所謂「己所不欲，勿施於人」，考慮別人的感受，別人才會考慮你的感受；照顧別人的自尊，你才會贏得尊重。

Point

好員工不是管出來的，而是誇出來的

有這樣一個小故事，值得每一位管理者深思：

有一家人正圍著餐桌吃晚飯，孩子的母親從廚房走出來，手裏沒有拿碗筷，而是拿著一把稻草。全家人十分驚訝，孩子的父親問：「你拿稻草幹什麼？」孩子的母親淡淡地說：「我每天爲全家人做飯，已經做了十幾年了，你們從老到小，從來沒有人給我一句誇獎，難道我是在給你們吃稻草嗎？」

連無私奉獻的偉大母親都渴望得到誇獎，何況是一名員工呢？

美國石油大王洛克菲勒從貧窮的人變成億萬富翁，靠的不僅是敏銳的商業嗅覺，還與他懂得讚美員工有非常大的關係。當年，美國的工人極度仇視資本家，經常掀起罷工浪潮。洛克菲勒的石油公司也深受罷工浪潮之害，罷工導致公司陷入停業狀態，工人們甚至聲稱要把洛克菲勒吊死在蘋果樹上。

爲了挽救極度不利的局面，洛克菲勒花了幾個星期的時間，深入到工人中去，去瞭解他們的工作，公開發表演講，毫不吝嗇地誇獎他們。沒想到，誇獎產生了神奇的效果，不但平息了工人的仇恨，還使洛克菲勒在工人中贏得了威望，拉近了與工人之間的距離。

從那以後，洛克菲勒認識到讚美的重要性，開始運用讚美去管理員工。而在這之前，他所採用的是「管」，但是實踐已經證明好員工不是管出來的，而是讚美出來的。

在管理中，你是否讚美過你的員工呢？要知道，讚美是最好的激勵方式之一。如果你能充分利用讚美的藝術，表達對下屬的認可和信任，那麼就能有效地提高下屬的工作效率。因爲讚美能滿足人渴望被認可的心理，可以激發人的自信心，可以使人活得有激情和動力。

美國著名的女企業家玫琳凱認爲，要想讓員工爲工作發揮作用，控制和監督不是最好的方法，最好的方法是讚美。讚美雖然不需要花錢，但很多時候，讚美比金錢更能產生激勵性。因爲金錢帶給員工的激勵是有限的，而讚美帶給員工的激勵是無限的。當你讚揚員工時，不僅使他感受到了自身的價值得到認可和重視，同時，還能使他的自尊心和榮辱感得到滿足。所以說，讚美是最節省成本的激勵方式。

管理心得

嚴厲責備或強行約束往往只會激怒員工，使員工產生更多的反抗，後果將會很嚴重。而發自內心地讚美只需幾句話，就可以輕鬆激發員工的信心，讓員工覺得自己在老闆眼裏是很重要的，從而努力工作回報企業。所以，學會讚美員工，你才有希望成為好領導。

Point 站在對方的角度思考

有句話叫「理解萬歲」，人與人之間，若能達到相互理解，那麼人與人就能和諧相處。在管理中，上下級之間也需要相互理解，有了理解，才有人情味。當上司理解了下屬的抱怨、煩惱時，才能認識到自己的策略是否符合民意；當下屬理解了上司的想法時，才能明白上司的苦衷。

東漢末年，曹操在官渡之戰中打敗袁紹，在打掃袁紹住處時，曹軍發現很多私通的信件，於是把這件事報告給曹操。當時曹操屬下給袁紹寫過私通信件的文臣武將們個個心驚膽戰，有的人甚至嚇得坐在地上，心想：這次死定了。但是出乎大家的意料，曹操得知這件事後，把大家都召過來，然後當眾燒了那些私通的信件。

有些屬下不明白曹操的用意，就問他爲什麼這麼做？曹操說：「我與袁紹開始交兵時，敵強我弱，當時連我都不知道能不能取勝，我屬下的文臣武將一樣無法預料。因此，他們當時爲自己做打算，和袁紹通信，想背叛我也是可以理解的。」曹操憑藉這一招，不知道收買了多少人心。

曹操之所以在戰場上叱吒風雲，重要的原因是，遇事時他懂得推己及人以收買人心。古人說得好：「得人心者得天下。」同樣，企業要想在商戰中戰無不勝，管理者也需要學會站在別人的角度思考問題。站在下屬的角度思考問題，才能理解下屬的想法，解開下屬心中的苦悶；站在客戶的角度思考問題，才能理解客戶的難處，與客戶實現合作。

管理心得

在遇到分歧、矛盾，出了問題時，學會站在對方的角度思考問題，可以讓管理者把問題思考得更全面，也許只需略微的妥協、略微改變，但在一瞬間就能柳暗花明。

Point

「跟我衝」而不是「給我衝」

什麼叫「給我衝」，意思是我可以坐在這裏指揮，你們要上陣殺敵。如果你們戰敗了，我可以隨時調轉馬頭，趕緊逃跑，輸了與我無關，不是我的責任。如果戰勝了，功勞是我的，因爲我指揮有功。

與「給我衝」差不多，還有三個字叫「跟我衝」。所謂「跟我衝」，就是我帶頭，你們隨後，我們一起去上陣殺敵、攻克困難。如果戰敗了，我首當其衝，你們不用擔心我推卸責任。如果戰勝了，功勞屬於大家。

「給我衝」是一種言傳，而「跟我衝」是一種身教；「給我衝」是空喊口號，紙上談兵，而「跟我衝」是身先士卒，一馬當先。試問，哪個影響力更大？很明顯，「跟我衝」三個字更有影響力，更有感染力，更有激勵性。身爲管理者，你應該對下屬高喊「跟我衝」，而不是對下屬高喊「給我衝」，一字之差，管理效果相差千里。

金宇中是韓國大宇集團總裁，他每天晚上零點睡覺，次日凌晨五點起床，每天工作十幾個小時，二十多年如一日。他經常對下屬說：「爲了公司明天的繁榮，我們必須犧牲今天的享樂，因爲我們還是發展中國家。」他的行動感動了整個大宇集團的所有員工，每位員工都自覺地認真對待工作，爲公司的利益而努力。

優秀的管理者應該成爲員工的榜樣，要員工「跟我衝」，而不是讓員工「給我衝」。因爲「跟我衝」這三個字中蘊含了無窮的魔力。從「跟我衝」這三個字中，我們看到了身教重於言傳，看到了身先士卒、以身作則、率先垂範的表率作用。

管理心得

俗話說：「喊破嗓子，不如做出樣子。」管理者應該努力發揮自身表率的作用，這樣才能使下屬們敬佩你，自覺地向你學習，從而產生強大的凝聚力、向心力和感召力，進而形成巨大的戰鬥力。

Point

認真地想想下屬需要什麼

美國有個鞋帽公司名叫斯特松公司。有一段時間，公司的情況非常糟糕：產量低、品質劣、勞資關係極度緊張。爲了解決這些問題，公司聘請了管理顧問薛爾曼來廠裏調查。薛爾曼的調查結果顯示：員工對管理層缺乏信任，員工之間也缺乏信任。公司內部幾乎沒有溝通，員工對管理層極度不滿，他們指責管理層對他們存在言語侮辱等行爲。

通過傾聽員工的心聲，薛爾曼找到了問題的癥結，然後制定了一套全面的溝通措施。加上一些管理層的支持，他們在四個月內疏解了員工憎恨、責難的情緒，同時，還建立了團隊精神，生產能力也有了很大的提高。

後來，公司管理層問薛爾曼：「你是怎樣解決這些問題的？」

薛爾曼笑著說：「認真想一想員工需要什麼？如果員工需要尊重，你就給他們尊重；如果員工需要信任，你就給他們信任，如果員工需要讚美，就給他們讚美。很明顯，這些他們都需要，你只要給他們想要的，就可以瓦解他們對你的仇視，管理就這麼簡單。」

從薛爾曼的話中我們發現，人都希望被尊重、被信任、被讚美。作爲管理者，如果僅僅依靠一些物質手段激勵員工，或依靠權力手段制裁員工，而不著眼於員工的感情，是不可能管住員工的心的。

斯特松公司之所以走出了困境，就在於薛爾曼採取了人性化管理方式，順應員工對被尊重、被信任、被讚美的心理需求，充分調動了員工的積極性，增強了公司的凝聚力。

認真想一想員工需要什麼，然後給予滿足，這就是常說的「投其所好」。在歷史上，善於投下屬所好的領導很多，其中梁山好漢宋江就是一個。

宋江爲人謙和，處事圓滑，通過投下屬所好很好地收服了下屬的心。他知道李逵好賭，就拿出十兩銀子給李逵，讓李逵去賭。後來李逵賭輸了，宋江又出銀兩打點，使得李逵對他死心塌地。從此，他帶著李逵闖天下，李逵爲他出了很多力，甚至不顧生死去救他。其實，說到底不過是因爲宋江當年收服了李逵的心。

宋江知道王矮虎好色，按說好色不是什麼好事，做大哥的應該好心規勸，但宋江卻對王矮虎說：「日後給你娶一個好的，叫賢弟滿意。」最終，宋江把扈三娘這等姿色的美女許配給王矮虎，滿足了王矮虎。這叫巧施美人計收買人心。由此可見，滿足下屬需要的，是收服下屬的最佳管理策略。

管理心得

管理其實很簡單，就是針對員工需要的，想方設法予以滿足，以此激勵員工，贏得員工的支持和擁護。當然，這裏所說的需要是正常的需要，也是公司能夠給予的需要，即合理的需要。

Point

關鍵時刻拉下屬一把

生活不會一帆風順，誰都可能遇到困難。有些困難憑藉個人的能力是難以克服的，這個時候，企業應該及時站出來，在關鍵時刻拉員工一把，將員工從水深火熱、刀山火海中解救出來。

二〇〇一年，李生茂剛進入蒙牛集團，不久後被確診患了心臟病，必須立刻做手術。可是對於出身寒門的他來說，四點六萬元的手術費實在太貴了。父母爲了湊齊這筆手術費，東拼西湊，仍然只是杯水車薪。到最後，他們只好狠下心來對李生茂說：「兒子，我們湊不齊四點六萬，我們實在沒法子了，你再想想辦法吧。」

走投無路之際，李生茂找到了公司液態奶事業部的經理白瑛，把自己的情況反映出來。白瑛又將李生茂的情況告訴給公司的高層，最後，這件事驚動了蒙牛黨委，他們立刻發出倡議：爲李生茂募捐手術費。蒙牛的總裁牛根生帶頭捐出了一萬元，員工們也紛紛解囊相助，最後捐了三萬多元。隨後，李生茂成功地做了手術，從此，他和家人對蒙牛充滿了感激之情，在工作中，他非常認真負責。

二〇〇二年年末，李生茂榮幸被選中前去參加一個大型的設備維修培訓班。與他一起參加這個培訓班的，還有其他公司的兩個設備部的經理，在培訓即將結束時，兩位設備部的經理表示願意高薪聘請李生茂。李生茂什麼也沒說，當場扯開上衣，把胸口的傷疤露給他們看，然後堅定地說：「我不能爲錢活著，不能違背良心，雖然你們可以給我高薪，但是蒙牛卻給了我第二次生命。」

當員工落難時，企業如果能伸出援手，拉員工一把，那麼這種雪中送炭的行爲，可能會讓員工銘記一生，感動一生。李生茂之所以面對其他企業的高薪聘請不動心，不就是因爲當初他需要手術費時，公司在關鍵時刻拉了他一把嗎？由此可見，愛護員工、幫助員工，關鍵時刻拉員工一把，對員工有著非常深遠的激勵作用。

管理心得

佛教有句名言：「救人一命勝造七級浮屠。」無論是出於社會公德和道義，還是出於對員工的關懷和愛護，企業都有理由在關鍵時刻，幫員工一把。今天，你伸出手，去支持員工，明天，員工可能會用自己的生命和熱血為公司奉獻到老。

Point

只有認真傾聽，下屬才願意發表意見

有這樣一個案例，對很多管理者都有實戰型的啓發意義：

有一天，總經理在辦公桌前看一份報告，此時，下屬小胡敲門進來了，說：「總經理，你有時間嗎？我想和你談談。」總經理說：「有時間，你說吧！」說完他繼續看報告。

小胡說了幾句之後，發現總經理一直在埋頭看報告，沒有任何回應，於是他停下來了。過了一會兒，總經理發現小胡沒有說話，他抬起頭，看到小胡一臉不悅地坐在椅子上。

總經理問：「怎麼不說了？」

小胡說：「我等你看完報告再說。」

總經理說：「沒有關係，我在聽呢！」

小胡說：「不，你根本沒有聽。」說完這話，小胡走出了總經理的辦公室。

總經理感到很疑惑，到了第二天，他才明白昨天的做法多麼不對。因爲小胡本來想告訴總經理一個非常重要的市場訊息，但總經理不認真傾聽，這令小胡非常失望。所以，他乾脆辭職了，跳槽到另一家公司，把這個重要資訊告訴給了競爭對手。

面對員工熱情的意見回饋，管理者如果不去傾聽，這不等於讓員工的熱臉貼到管理者的冷屁股上嗎？傾聽是實現有效溝通最重要的環節之一，可惜很多管理者並不懂得傾聽，這表現爲：當下屬剛說一半時，管理者發現下屬的意見不對，立即打斷：「好了，不用說了，你的想法沒有用。」當下屬說完之後，管理者馬上說：「不對，你的想法不對。」當然，還包括案例中的那種情況，下屬說的時候，管理者沒有認真傾聽。

那麼，什麼才叫認真傾聽呢？所謂認真傾聽，應該包括這樣幾個要素：眼睛正視下屬，表現出感興趣的樣子；不要打斷，不要批評，不要露出不認同的眼神；下屬說完之後，管理者最好表現出若有所思的樣子，然後再去評價下屬的意見，而且儘量多賞識、少批評，即使批評，也要用詞委婉，充分照顧下屬的自尊心。如果管理者能做到這幾點，那麼下屬肯定願意積極發表意見。

管理心得

認真傾聽對下屬是一種尊重，一種重視，一種認可，會讓下屬感覺自己

的重要性。如果管理者不懂得傾聽下屬的意見和想法，那麼永遠不可能成為優秀的管理者。只有充分重視下屬的意見，認真傾聽下屬發表意見，才能贏得下屬的信任和擁戴，得到下屬的支持。

Point 善待能力強過自己的部下

尺有所短，寸有所長。

作爲領導者，並不意味著任何方面都比下屬強，而下屬在某些方面可能強於領導。在這種情況下，有些領導者害怕下屬的光芒掩蓋住自己，時間久了難以駕馭下屬，更怕下屬爬到自己頭上，於是對能力強過自己的下屬採取種種限制。他們寧願把重要的工作交給能力平庸的下屬，也不願意交給能力超過自己的下屬，而且明裏孤立能力強的下屬，暗裏打壓他們，恨不得把他們逼走，以讓自己高枕無憂。

這就是所謂的「武大郎開店」——只願意任用比自己矮的人，不願意任用比自己高的人。時間久了，對企業的發展是非常不利的。

對企業而言，要想發展就離不開優秀的人才。如果管理者不善待能力強過自己的人才，而是處處與他們作對，不信任他們，不重視他們，無疑會傷了他們的心。有朝一日他們離開了企業，對企業就是一種巨大的損失。而當他們進入競爭對手公司時，對企業則是巨大的威脅。因此，明智的管理者往往會善待能力強過自己的下屬，通過善待、重視他們，獲得他們的真心輔佐和支持，從而爲企業的發展壯大做出大貢獻。

楚漢戰爭中，劉邦論帶兵打仗能力，不如韓信；論運籌帷幄的謀劃能力，不如張良；論鎭撫百姓的能力，不如蕭何，但是他懂得任用比自己能力更強的部下。

在任用過程中，他對那些部下十分信任，處處善待他們，從而很好地贏得了他們的忠心。所以，他最終能打敗項羽，奪得江山。由此可見，善待能力強過自己的部下，對企業發展是十分重要的。

摩托羅拉創業初期，有個名叫利爾的工程師加入了摩托羅拉，他在大學學的專業是無線電工程，有很出眾的才能。他的到來，讓一些老員工和管理者產生了危機感，他們時不時地刁難利爾，出各種難題爲難他。更過分的是，一位管理者趁摩托羅拉的創始人保羅·高爾文出差辦事時，找了個理由把利爾開除了。高爾文回來後得知了此事，把那個管理者狠狠地批評了一頓，然後命他馬上找到利爾，重新高薪聘請他回來上班。後來，利爾的才能得到了發揮，爲公司做出了巨大的貢獻。

什麼才叫「善待」呢？對人才而言，最好的善待莫過於給他們施展才華的舞台和機會，信任他們，授予他們相應的權力。同時，從小事上表達對他們的重視和關心，這樣就很容易獲得他們的真心輔佐。

管理心得

身為管理者，要有容納能力強過自己的部下的胸懷和氣度。也許你的部下能力強過你，但是如果你能成功駕馭他們，使他們為你所用，為你攻城拔寨，那也至少證明了你管理能力過人，那也是你的功勞。所以，請善待能力強過自己的部下。

Point 送給下屬超過預期的禮物

逢年過節、員工生日，老闆給員工禮物，是籠絡人心的常用手段。可是，有些老闆把給下屬送禮物當成例行公事，每年都發放一些沒有價值含量的禮物，讓下屬絲毫打不起精神，自然也起不到激勵人心的作用。

身爲管理者，要認識到一點：給下屬送禮物的目的是激勵下屬，贏得下屬的心。因此，與其送下屬一些常規性、沒有價值感的禮物，不如不送。如果想送，就應該捨得花本錢，送一些真正能令下屬心動的禮物。這樣才能達到激勵下屬的目的。

說到令下屬心動的禮物，可能有些管理者認爲，一定要送下屬昂貴的禮物。當然，昂貴的禮物是其中一種，不過，最主要的是要送超過下屬預期的禮物。換言之，禮物要給下屬驚喜，這樣的禮物即便不昂貴，也能令下屬心動、興奮。

除夕將近，還有三天公司就要放假了。那天早上，員工走入公司，發現每個人的辦公桌上都有一份禮物。大家充滿期待地打開禮物，頓時驚呼起來：「沒想到，老闆居然給員工準備了新年禮物，這也太貼心了吧！」接著，又有員工驚呼：「這個禮物這麼精美，真的沒想到。」

幾個後到的員工還沒進門，就被先到的同事拉進來了，說：「快點啊，你怎麼這麼晚才到啊，你桌子上有禮物，快去看看。」

大家發現，老闆給男員工每人買了一條皮帶，給女員工每人買了一條珍珠手鏈。皮帶的皮質很好，珍珠手鏈也非常精美，看起來很高級。

大家沒有想到，平時看起來高高在上的老闆，一貼心起來，居然顯得那麼和藹可親。他送給員工的禮物，完全是站在員工角度來看的，作爲女員工，誰不喜歡漂亮的飾品呢？作爲男員工，誰不希望有一條高級的皮帶呢？

禮物是否昂貴是否精美，其實不是最關鍵的，關鍵要超乎員工的預期。如果在員工的預期內，新年前夕公司不會給他們準備禮物，但是老闆卻出乎員工的預料，給他們準備了禮物。這無疑是一個驚喜；如果員工預期公司給他們的禮物是一箱蘋果、一箱牛奶，但老闆卻給他們每人準備了一箱蘋果、一箱牛奶、一個人大的紅包，那麼多出來的紅包就會令員工們驚喜。由此可見，給員工送禮物也要懂心理學，超乎預期的禮物總是顯得那麼有心意。

理查·布朗森是英國維京集團的老闆，他曾花費二百萬英鎊的鉅資，在澳大利亞買下一座二十五萬平方米的熱帶島嶼，送給了全體員工，作爲大家的度假勝地。

這座小島靠近澳大利亞昆士蘭的衝浪聖地陽光海岸，從高空看下去，小島的形狀酷似心形，被當地人稱爲——「締造和平」。原本布朗森想把這個島作爲自己的私人度假地，但在得知公司創下了百分之二三十的利潤增長率之後，他決定把這個小島送給大家作爲禮物。

這一舉動超乎全體員工的預料，大家沒想到老闆這麼大方，他們深受激勵。剛買下時，小島上除了幾件簡單的木屋，就是原生態的，後來布朗森花鉅資在上面建造了度假休閒中心，除了各式水上運動，還建造了網球場、林間跑道等。

以往我們經常聽到員工給老闆送禮，爲的是巴結老闆，拍一拍老闆的馬屁，希望得到老闆的關照和提攜。而今，聰明的老闆懂得換位思考，他們通過給員工送禮物來籠絡人心，激勵員工奮發努力，這很好地彰顯了老闆的風範。

管理心得

無論是過年過節，還是在某個平常的日子，老闆都可以借用送禮物來表達對下屬的關愛。比如，某個員工業績突出，老闆送給他一件意想不到的禮物，這不但能激勵本人，也能激勵全體員工。也許只是一份不起眼的禮物，但卻能增添員工與老闆之間的感情，提升團隊的凝聚力。

Point

處處設防會損害人才的積極性

員工是企業的財富，是爲企業創造財富的生力軍。但遺憾的是，有些管理者卻把員工當成「賊」一樣防著，防什麼呢？防止員工偷竊公司的財物、重要資訊；防止員工上班偷懶，不認真幹活；防止員工上班遲到、下班早退等等。怎麼防呢？動用高科技——監控攝影機，全天候二十四小時無死角監控。試問，在這種環境中工作，員工能身心放鬆嗎？在這樣的企業上班，員工會對企業產生歸屬感嗎？

成都一家通信公司的管理者，爲了提高公司的業績，防止員工工作效率低下等問題，他們採取了嚴格的管理措施。具體怎麼做的呢？

公司不惜成本，高價購買現代監控設備，在辦公室裏安裝了八個攝影機。從各個方位對員工的一舉一動進行監控，員工有任何開小差的行爲，都能從攝影機中清楚地發現，更甭說員工上班遲到和早退了。

工作壓力原本就很大的員工，見公司採取這種方式管理，一個個義憤填膺，他們認爲公司侵犯了他們的隱私權和自由權，要求公司停止這種不人性化的管理模式。但是公司管理者對員工的不滿置之不理。

剛開始一段時間，的確有了明顯的收效。員工遲到、早退的現象減少了，也沒有員工在工作時開小差。大家看起來都在認真工作，但是工作效率卻沒有明顯的提升。因爲公司可以管束員工的身體，卻管不住員工的心與精神，員工的心思不在工作上，攝影機能監控到嗎？

更嚴重的是，幾個月後，公司的十幾個技術骨幹集體跳槽到另一家公司。這時公司管理者才慌了神，立即拆除了攝影機，但爲時已晚，因爲這個不明智的舉動已經造成了公司人才大量流失。

員工不是罪犯，不應該被監控；員工不是家賊，不應該被防備。如果管理者處處設防，表現得極不信任員工，那麼將傷害員工的自尊和感情，很容易打擊員工的積極性。因爲管人不是辦法，最重要的是「管心」，只有正確地管心才能贏得人心，才能讓員工自覺地遵守公司的制度，認真地對待工作。所以，千萬不要把權力當武器，不要把員工當小偷。

管理心得

要想員工認真對待工作，靠強硬的設防是不可行的，聰明的辦法是，營造守信的企業氛圍，使大家感受到尊重和信任，讓員工對管理者產生好感，他們才會服從管理和指揮，才會真心為企業付出。

Point

挖掘員工的內在動力更重要

人之所以積極奮鬥，是因爲受內在動力的驅使，而內在動力主要源於潛在需求。因此，管理者在激勵員工時，應該找到下屬的潛在需求，通過滿足員工的潛在需求來激發員工的內在動力，使員工在內在動力的驅使下積極工作。

王老闆創辦了一家房地產銷售公司，該公司坐落在中原地區縣級城市。公司創辦時，爲了能吸引優秀的銷售人才，王老闆給員工定了較高的底薪，外加較高的業績提成。前來應聘的年輕人很多，而且剛開始工作熱情都非常高。

兩年後，這些銷售員大多成了公司的業務骨幹，工資比兩年前高了很多，但他們的工作熱情卻慢慢消退了，甚至有人跳槽到提成更低的同行房地產銷售公司。

王老闆很納悶，不明白員工爲什麼要跳槽，於是，他找到「明星員工」小劉，想問明情況，不料小劉對他說：「王總，我正想找你呢，我想辭職。」

「爲什麼啊？」王老闆更加不解，「小劉啊，我對你可不薄啊！」

「王總，我知道你對我不薄，待遇也不錯，可是我馬上要結婚了，女朋友跟我說了，買不起房子就要和我吹了，你說我怎麼辦？」

王老闆氣不打一處來，說：「什麼邏輯，你以爲跳槽就能買得起房子嗎？別折騰了啊，我很看重你的，你跟我好好幹，保證兩年後你能買房，而且我還會提拔你做銷售部的副經理。」

「實在對不起，王總，我想去的那個公司說了，如果我能在一年內業績排名前三，不僅買房有優惠，而且公司還會貸款讓我交首付。我想，如果我好好努力，一定可以進入前三名。到時候，年底就可以買房，明年就可以結婚了。」

王老闆當即恍然大悟，說：「原來你是因爲房子才想跳槽啊，我明白，那幾個辭職的同事也和你一樣的想法吧？」

「是的，王總。其實我對公司挺有感情的，我喜歡在你手下工作，我覺得咱們公司發展前景很好，可是現實太殘酷了，我必須快點買房子結婚。」小劉無奈地說。

「小李，你先別著急跳槽。給我三天時間，我一定給你一個滿意的答覆。」

三天之後，王老闆針對競爭對手公司，制定了能夠滿足員工潛在需求的獎勵政策，其中有一條是：年底考核，業績排在前五名的員工，公司授予他「明星員工」稱號，除了給他原有的績效提成外，還提供七折優惠的購房價，而且無息貸款給員工付首付款。

新政策出來之後，那些躁動的、想跳槽的員工工作熱情再度高漲，公司業績不斷攀升。

員工有怎樣的潛在需求呢？這需要管理者去瞭解，管理者可以與員工進行交流，瞭解員工內心最想實現的願望。如果公司條件允許，管理者權衡利弊之後，就有必要針對員工的潛在需求，制定一個有效的激勵措施，以此激發員工的內在動力。這對員工將起到非常大的激勵作用。

事實上，找到員工的潛在需求，挖掘員工的內在動力，比單純地用金錢獎勵更能激發員工的工作激情。比如，員工想和新婚的妻子度蜜月，但是公司卻說：「公司不能准你假，但是可以獎勵你五千元。」試問，准許員工新婚度蜜月與五千元獎金，哪個更能激勵員工保持工作激情呢？所以，管理者應當有的放矢，針對員工需求挖掘其潛在動力。

管理心得

優秀的管理者應該是激勵高手，最聰明的激勵手段就是找到員工的潛在需求，然後針對這個需求，設定一個可操作性強的激勵措施，以此激發員工內在的動力，這樣員工才會充滿激情地去工作。

Point 讓員工認為自己是公司的主人

很多管理者整天想著樹立員工的主人翁精神，而且爲此做了大量工作，但仍得不到員工的珍視。員工沒覺得自己是公司的主人，在公司找不到歸屬感，這是爲什麼呢？這其中的原因有很多，常見的原因及解決方案如下：

原因：員工沒有與企業並肩作戰的經歷。

有這樣一個企業，伴隨著企業的發展壯大，員工不斷增多。但非常難得的是，企業很少主動辭退員工，除非員工嚴重違反了制度。因此，一些在企業創業初期進入企業的員工，若干年後變成了老員工，即使他們退休了，也會經常來企業看看，還不時給公司管理者出謀劃策，對新員工進行技術指導。有人問這些老員工：「外面有很多工作的好機會，你們爲什麼都不去？」那些老員工的回答很簡單：「我們大半輩子在這裏，已經習慣了，這就像我們的家一樣。」

那些老員工把企業當成家，是因爲他們大半輩子都在這裏，他們曾與企業並肩作戰，企業的發展壯大有他們的功勞。就像父母看到孩子長大一樣，心中會充滿自豪感，這種自豪感是促使員工產生主人翁精神的重要因素。

解決方案：

(1)讓員工看到自己努力的成果

人們都有這樣的心理：對於自己付出努力得到的東西會格外珍惜。這就要求管理者公正地對待員工的功勞，千萬不可把功勞歸功於自己，因爲沒有人希望自己的利益被剝奪。所以，要想得人心，就要讓他們知道，企業的成功有他們的一份功勞，而不是削弱他們共同奮鬥的情感聯繫。

(2)重視員工，鼓勵員工參與決策

在進行決策時，管理者如果不讓員工參與，只是一味地讓員工充當配角和執行者，那麼久而久之，員工會自然而然地把自己當成公司的外人，覺得自己無足輕重。因此，明智的做法是，不斷提高參與決策的人數，因爲參與決策的人越多，決策一旦制定出來，獲得的認同和支持也就越多，在執行中，來自內部的阻力就會減少。而且當員工提出意見時，管理者要給予認可和賞識，使員工感到被賞識、被重視。

(3) 執行時，大膽地授權給員工

授權是組織運行的關鍵，企業要發展，就必須正確運用授權，把處理用人、用錢、做事、交涉、協調等決策權下放給下一級管理者，把執行權下放給員工，通過層層授權，層層負責，可以加強組織的運轉效率，也可以提高員工工作的主動性。如果管理者不懂得授權給員工，員工覺得做什麼都要聽領導安排，領導沒有安排，他們就不做。這樣在工作就會變得很被動、很消極。

總之，要想讓員工把自己當成公司的主人，有強烈的主人翁精神，管理者應該在以上三點上努力。

管理心得

員工的主人翁精神不是天生的，管理者可以從三個方面去努力：讓員工看到自己努力的成果；重視員工，鼓勵員工參與決策；執行時，大膽地授權給員工。

Point 有足夠的薪酬，還要有足夠的重視

很多管理者認爲，只要給員工足夠的薪酬，員工就會乖乖聽話，認真幹活，爲企業創造效益。事實上，僅僅只有足夠的薪酬是不夠的，還必須對員工有足夠的重視。試想一下，如果管理者經常對員工說：「我給你那麼多工資，如果你不能給公司創造效益，你就馬上給我滾。」員工能感受到尊重嗎？如果管理者經常對員工說：「我讓你來是解決問題的，如果你不能解決問題，我要你幹嗎？」這樣，員工感受得到重視嗎？

不可否認，薪酬很重要，但多數員工認爲獲取薪酬是工作應得的。如果說薪酬是權利，那麼來自領導者的重視就是禮物。員工真正想要的，除了符合期望的工資待遇之外，還有每次完成任務後獲得的尊重和賞識。正如玫琳凱化妝品公司創始人玫琳凱·艾施所說的那樣：「這好比每個人的脖子上都掛著一個牌子，上面寫著：我需要受重視的感覺。」因此，管理者要重視員工，並讓員工真切地感受到你的重視，這樣才能更好地激勵員工。

要想表達對員工的重視，並不需要花錢，關鍵是要讓員工看到你的誠意。也許只是一個很小的舉動，就能深深打動員工，讓他們心甘情願地追隨你。比如，有一家公司的老闆每次給員工發放工資時，都會在裝工資的信封裏塞一張致謝的小紙條，或者直接把感謝的話寫在信封上。這個

小小的舉動讓大家感受到公司的認可和重視，很好地激勵了大家。再比如，當員工提出建設性的意見時，管理者可以當眾讚揚道：「這個主意真不錯，太棒了。」這樣能讓員工從認可中感受到被重視的感覺。

管理心得

作為一名管理者，你應該不斷地向員工傳達一個信號：他們對你很重要。事實上，沒有什麼比員工對公司更重要。因此，管理者必須表達出對員工的重視，這意味著企業的效率、效益將大大提高。

Point

管理者不能超越制度權威

在企業中，總有一些管理者喜歡把自己凌駕於制度之上，強行超越制度的權威，任意踐踏制度，而自己絲毫不以爲然。比如，有些管理者要求員工在公司不得抽煙，自己卻一天到晚叼著香煙，在員工面前呑雲吐霧；有些管理者要求員工不得在上班的時候玩遊戲，自己卻整天在上班的時候玩遊戲；有些管理者要求員工上班不能遲到，自己卻經常姍姍來遲……

如此這般，怎能讓員工信服呢？這樣會嚴重損害制度的威信，也影響老闆的領導形象。對企業實現規範化、公平化管理是極爲不利的。因此，真正高明的管理者，絕不會超越制度的權威，他們懂得帶頭遵守制度，努力維護制度的權威性。

一九四六年，松下公司出現了前所未有的困境。爲了走出困境，松下幸之助要求全體員工不准遲到、不得請假。然而，規定出台後不久，松下幸之助本人就遲到了十分鐘。原因是司機沒有準時來接他，他只好坐公共汽車，可是左等右等，公共汽車也沒來，最後遲到了十分鐘。司機之所以沒有準時來接他，是因爲司機班的主管督促不力，導致司機睡過了頭。

松下幸之助沒有爲自己找藉口，而是按照規定批評和處罰了相關人員，也包括自己。首先，他以不忠於職守爲理由，處罰了司機；其次，他以監督不力爲理由，處罰了司機的直接主管、間接主管，共計八人。最後，松下幸之助處罰了自己，而且處罰最重——退還了全月的薪金。

僅僅遲到了十分鐘，就處罰這麼多人，連自己也不放過，有這個必要嗎？在松下幸之助看來，這是非常有必要的，因爲這樣可以維護制度的威信，對全體員工起到教育作用，使大家今後堅決遵守公司的規定。

我們常說：「制度面前，人人平等。」意思是，無論你是普通員工，還是高級管理者，在制度面前，都是平等的，誰都沒有特權，誰都不能凌駕於制度之上。身爲管理者，應該帶頭做遵守制度和規定的榜樣，當自己不小心違反制度時，應該積極接受處罰，這樣才能樹立公正、平等的企業風氣，讓員工們信服你。只有你得到了員工的信服和支持，你的管理工作才能順利地展開。

管理心得

火車跑得快，全靠車頭帶。身為管理者，若想讓企業這輛列車高速有效地運轉起來，就必須和員工一起去維護制度，絕不超越制度的權威。這樣才能為員工做表率，才能給大家樹立一個正面的領導形象。

Point

不給予信任，千金難買員工心

信任，是人的一種精神需求，是管理者對人才的極大褒獎和安慰。來自管理者的信任，可以帶給員工信心和力量，使人無所顧忌地發揮自己的才能。然而，有些管理者並不能做到充分信任員工，他們懷疑員工的能力，甚至有時候還會懷疑員工的人品，這往往會令員工大失所望或火冒三丈。

在企業中，如果管理者對員工不信任，企業的凝聚力就很難增強，經營效益也難以提高，企業的競爭力就會嚴重受到影響。

美國有一家企業，在一九八四年的營業額高達三十三億美元，擁有四萬多名員工，實力可見一斑。可是幾年後，公司的凝聚力越來越差，人心渙散。原因就是公司的總裁對本家族以外的高層領導者不放心，也不信任。當外部競爭環境發生變化時，他不及時聽取公司管理者的意見，而是把公司的大權交給了自己的兒子，使本該繼承公司權力的經理人遭到冷落，導致許多有才華的經理人在關鍵時刻離職，公司業績一敗塗地，到了不可收拾的地步。

對人才不信任，千金難買員工心。這對企業是非常可怕的，一旦員工感受不到信任，他們就會與公司離心離德。日本松下公司的一位總裁曾經說過：「用人的關鍵在於信賴，用他，就要信任他；不信任他，就不要用他。這樣才能讓下屬全力以赴。」

比爾．蓋茨就非常信任員工，他認爲自己的員工都很聰明，應該讓他們自行決策。如果員工不守法，他會單獨處理這個員工，而不是處理所有的員工。在微軟，管理者從不規定研究人員的研究期限，只對技術人員規定了期限。因爲他們認爲，真正的研究是無法限定期限的，但是開發必須有期限。這就是研究與開發的最根本區別。

巴特是微軟的首席技術官，對於蓋茨對員工的信任，他頗有感慨。五十二歲時，他在蓋茨的親自面試下進入微軟，在一個相當寬鬆的工作環境中，獨立地研究他感興趣的問題。有時候，蓋茨會問他一些很難解答的問題，比如大型存儲量的伺服器的整體架構應該是怎樣的？對於這類問題，他一般無法馬上做出回答，而要在整理一下資料和思路的基礎上作答。在蓋茨的信任下，巴特可以安心地從事自己喜歡的科學研究，最後他爲微軟研究出很多高價值的產品。

由此可見，信任員工，可以充分激發員工的創造性，爲公司帶來不菲的價值，這是金錢所換不來的激勵效果。所以，管理者決不能讓員工處在一種被監視、被懷疑的狀態下工作，這會讓他們背上心理包袱，這對企業、對員工都是沒有好處的。

管理心得

作為管理者，應該信任員工的道德品質，信任員工的辦事能力。如果做不到這兩點，那就不要留用員工。如果想留用員工，就要用信任為他們鬆綁。否則，讓員工背著不被信任的包袱工作是非常愚蠢的。

Point

讓下屬知道你「疼」他

公司就像一個大家庭，管理者就像家長、父母，員工就像孩子。因此，管理者應該關心員工的疾苦，就像父母疼愛孩子一樣。這樣才能使得企業上下一心，同舟共濟。

小楊是一家飯店的普通員工。一個雨天，飯店的地板磚上濕滑濕滑的，她不小心摔倒了，正當她掙扎著想自己站起來時，經理看到了，趕忙跑過來，關切地問：「摔得重不重？我帶你去醫院檢查一下吧！」

小楊感激地說：「不用了，我揉一揉就沒事了。」經理看到她的腿摔破皮了，堅持帶她去醫務室搽了點藥，讓她歇一歇再工作。在搽藥的時候，經理對她說：「如果不舒服，下午就不用來上班了，算公假。」

經理的言語讓小楊非常感動，她沒想到，一個普通服務員也能得到經理的疼愛。從此以後，她逢人就誇經理人好，還說自己有時想偷懶，但一想到經理對她那麼好，就立馬打消了偷懶的念頭。

在公司，如果你能像這位經理一樣「疼愛」下屬，給下屬誠摯的關切，那麼何愁公司不能發展起來呢？要知道，疼愛下屬比發幾百元獎金更能贏得下屬的忠心。因爲人不光需要物質獎勵，更需要精神上的關懷。當一個人在良好的情感環境中時，才會產生強烈的熱情和積極性。所以，在企業管理中，讓下屬知道你「疼」他，是非常重要的情感投資手段，它往往能感受到春風化雨般的奇效。

唐太宗李世民非常重視屈尊禮賢、關心下屬的疾苦。朝中重臣徐懋功得了重病，御醫開出的藥方上說：需用鬍鬚灰做藥引，方可治癒。李世民得知此事，親自把鬍鬚剪了，給他做藥引子。這一舉動把徐懋功感動得淚流滿面。大臣馬周患了重病，李世民給他找名醫治療，還親自爲他調藥，讓皇子們親臨詢問他的病情，可謂關懷備至。還有一次，一名大將在征戰中被箭射傷，李世民親自爲他吮血，將士們得知此事，無不感動，所以李世民深得士卒之心。

可見「心疼」下屬，對一個管理者來說有多麼重要。

管理心得

管理者把員工看成自己的孩子，自己的家人，把員工的疾苦時刻記在心上，才能贏得員工的愛戴。因此，管理者要從內心出發、從點滴處去關心員工，讓員工感受到你的疼愛，這樣就很容易打動人心。

Point

與下屬溝通時多說「我們」

一家分公司的經理接到客戶的投訴後，向總公司的經理彙報情況。他說：「你的分公司產品品質出現了問題，引起了顧客投訴……」

總經理十分生氣地打斷他，嚴厲地質問：「你剛才說什麼？你說『我』的分公司？」

分公司經理沒有聽明白，他又將剛才的話重複了一遍：「是的，你的分公司……」

總經理怒吼道：「你說我的分公司，那你是誰？難道你不是公司的一員嗎？」

分公司的經理這才意識到自己的錯誤，馬上糾正道：「對不起，是我們分公司的產品品質出了問題……」

「我」與「我們」雖然僅一字之差，但在溝通中，所產生的效果相差甚遠，這主要表現爲給聽者造成的感受不同。當你說「我們」時，聽者心裏會高興，因爲你把他拉入了你的團隊，他覺得和你是一個隊伍，好處是雙方的；當你說「我」時，聽者心裏會不舒服，他會覺得話題與他無關，他感覺不到你的重視。

身爲管理者，在與員工溝通時，應該常用「我們」開啓談話，而不是「我」。因爲雖然公司是你的，但是你需要員工與你榮辱與共、同甘共苦，而不是將員工與你割裂開來，否則，員工覺得自己是公司的外人，他們就可能不負責地對待工作。

管理心得

不要認為員工的問題只是員工的問題，也不要認為公司的事情只是自己的事情，而要把「團隊」的概念裝在腦子裏，多用「我們」開啟談話，這樣你所傳遞的資訊才容易被他人認同和接受。

Point 將心比心，棘手問題不再棘手

有人說，管理的最終目的是安定人心、提高企業的效益。在提高企業效益的過程中，公司難免會碰到一些人際方面的棘手問題，這時候「將心比心」是解決問題的最好辦法。所謂將心比

心，指的是拿自己的心去衡量別人的心，形容做事應該替別人著想。

美國總統雷根有一次患病了去醫院輸液，一位年輕的小護士給他扎針，可是連扎兩針都沒有把針扎進血管。雷根看到針眼處起了青包，疼得想抱怨幾句，但當看到那位小護士額頭滿是汗珠時，突然想到了自己的女兒，於是忍住了抱怨，轉而用安慰的口氣說：「不要緊，再來一次。」

第三針成功地扎進去了，小護士長舒了一口氣，對雷根說：「先生，真是對不起，我是一名實習生，這是我第一次給病人扎針，謝謝你讓我扎了三次。剛才我太緊張了，要不是你鼓勵我，我真的不敢再給你扎針了。」

雷根對小護士說：「我的小女兒立志要上醫科大學，有一天，她也會有第一位患者，我希望那位患者也能寬容和鼓勵她。」

在這裏，雷根在想抱怨小護士的時候，想到了自己的小女兒，通過將心比心，他把抱怨變成了鼓勵，從而促使小護士能夠完成任務。

俗話說：「人非聖賢，孰能無過。」下屬在工作中出現失誤，未能按期完成任務，這樣的情況是難免的，這個時候管理者最好去體諒下屬，因爲很多管理者曾經也做過下屬，也犯過錯誤。試著將心比心，換位思考，問題就能很好地得到解決。否則，一味抱怨、指責下屬，只會令下屬倍感壓力，還會使下屬對管理者產生怨言。

管理心得

在工作中，管理者也應該學會將心比心，當下屬遇到困難，未能及時完成任務時，管理者與其一味地抱怨、批評和指責，不如將心比心地站在下屬的立場上，考慮下屬的難處，學會寬容地對待下屬。這樣更有利於下屬完成工作。

Point 忠誠，不是讓員工做一個聽話的木偶

有一項針對世界著名企業家的調查，其中有一道題：你認爲員工最應該具備哪一種品質？結果，所有企業家無一例外地選擇了「忠誠」。爲什麼企業家們都希望員工忠誠呢？如果你認爲，企業家希望員工忠誠就是希望員工聽話，對管理者唯命是從，那麼你就大錯特錯了。因爲一個沒有主見、沒有思想，整天只知道對管理者唯命是從的員工，並不能給企業的發展帶來幫助。

那麼，真正的忠誠是什麼？其實，通俗一點來講，忠誠就是跟老闆一條心，維護企業的利益，對工作認真負責、盡心盡力。但是忠誠不等於盲從，不等於唯命是從，否則，員工的聰明才智就無從發揮，員工的智慧無法被充分利用，僅靠幾個管理者的智慧，企業談何發展呢？

老趙是一家食品包裝設計公司的老闆，小張是他公司的設計部經理，非常受他的器重。當年小張剛進公司時，老趙給了他充分的信任和機會，使小張的才能得到發揮，並一步步提拔他爲公司的設計部經理。

後來，因公司經營不當，導致公司面臨很大的危機。在這種情況下，有些員工紛紛離公司而去，但小張卻堅持留了下來。這是非常難得的。因爲小張的能力在行業內頗爲有名，曾有多家企業出高薪想把小張挖走，但小張都拒絕了，他說要報答老趙的知遇之恩。這讓老趙非常感動。

就在這個時候，公司談了一個大專案，這個專案足以挽救公司的命運。老趙非常重視，每天都去設計部看設計進展。這天，老趙看到小張設計的產品包裝後，顯得不滿意，他說必須把包裝的顏色改成黃色。但小張堅決不同意，並與老趙據理力爭，這讓老趙很不高興。後來，小張的設計得到了客戶的讚賞，老趙這才心服口服。

每個老闆都希望員工對自己忠誠，但忠誠不是愚忠。在這一點上，小張做得很好，當他的設計觀點與老闆產生分歧時，沒有放棄自己的觀點而附和老闆。員工的這種敢於堅持的勇氣，值得每一位管理者尊敬。

事實上，小張對公司的忠誠不是表現在對老闆唯命是從，而是表現在對陷入困境的公司不離不棄上。在企業中，如果你遇到了像小張這樣的員工，一定要珍惜和重用他，給他更多的信任和支持。這樣，他對公司的忠誠才會更有利於團隊的穩定。

管理心得

員工是有思想、有感情、有自主意識的人，而不是一個只聽話、只按老闆吩咐去做的機器。因此，千萬不要因員工與你有意見衝突，就認為他不忠於你、不忠於企業。要知道，員工忠誠的重點表現在對公司沒有二心，一心一意為公司著想。

Point

領導要為下屬的過錯承擔責任

有人曾說過：「世界上只有兩種人不會犯錯誤，一是沒有出生的，二是已經去世的。」下屬也會犯錯，有些錯誤是不經意間犯下的，而有些錯誤則是因管理者決策失誤導致的。無論何種類型的錯誤，身爲管理者，都有必要站出來爲下屬的過錯承擔責任。做一個有擔當的管理者，才能得到下屬的敬佩，才能贏得下屬的信任和追隨。

著名管理培訓大師余世維曾在多家企業擔任領導，他在所任職的每個公司，都深得員工的尊敬和佩服。很多人之所以心甘情願地跟隨他，就是因爲他勇於爲下屬的過錯承擔責任，而不是把過錯歸咎於下屬，推卸自身的責任。

有一次，公司從中東一家公司進口五十輛豪華轎車，並且與對方簽署了協定，然後把轎車銷往大陸市場。余世維和對方談妥條件之後，把最後剩餘的細節交給下屬去辦理，臨行之前特別交代下屬車門插銷的生產方法。

等到快要交貨的時候，下屬慌忙地跑來報告，說大事不好了，原來，他把余世維交代的插銷的事情忘了。當時余世維也驚出一身冷汗，因爲五十輛豪華轎車少了插銷，怎麼賣出去呢？幾秒鐘後，余世維鎮定下來了，他向董事長彙報了情況，董事長非常氣憤，說：「是誰犯的錯，把他給我找來。」余世維並沒有「出賣」下屬，而是說：「是我的錯，我一時疏忽才這樣的，我願意承擔全部責任。」然後他在董事長面前下軍令狀：如果不能把五十輛車賣出去，任憑公司處置。

憑著一股不服輸的勇氣，余世維挨家挨戶推銷，最後把這批車全部賣出去了。屬下非常感動，除了努力工作，用優異的業績回報他，他還能做什麼呢？

優秀的領導者是不會輕易逃避責任的，他們明白：下屬有了過錯，就是自己的過錯。因爲下屬之所以犯錯，與自己沒有盡到責任有關。如果要受處罰，領導者首當其衝，不找藉口，不爲自己辯解，而是勇敢地承擔責任。這樣才能讓下屬放下心中的包袱，減輕心理壓力，輕鬆地面對接下來的工作。

華人富商李嘉誠經常說：「員工犯錯誤，領導者要承擔大部分的責任，甚至是全部的責任，員工的錯誤就是公司的錯，也就是領導者犯下的錯誤。」這樣才能消除錯誤對員工造成的心理陰影，才能贏得員工的信任和支持。

管理心得

部下的錯就是領導者的錯誤，作為領導者，就應該為自己的屬下承擔責任。敢於負責，敢於擔當的領導才是受人敬重的領導，才是優秀的領導。

Point 推功攬過，讓你成為下屬心中的守護神

在管理界，存在著這樣一種現象：當大家一起共同完成工作，取得優異成績的時候，有些管理者總喜歡率先往自己臉上貼金，強調自己所起到的重要作用和付出，生怕下屬把功勞搶去了，這種現象叫「搶功」或「攬功」。當大家一起共事，由於管理者指揮不周或下屬執行不力出了問題時，有些管理者馬上把過錯歸咎到下屬頭上，撇開自己應承擔的責任，這種行爲叫「推責」。

王經理是某地產公司的運營經理，他和下屬一起，歷經半年時間，完成了一個重要專案。當公司董事長來檢查工作時，他誇誇其談，把功勞全部扣在自己的頭上，好像這項工作是他一個人完成的一樣。

董事長大喜，當即表揚他，許諾給他種種獎勵。但是下屬們卻不高興了，他們對經理自私的

行爲非常憤怒，從此與他離心離德，不管運營經理做什麼，他們都不願意配合他。還有人暗中給上級寫檢舉信，揭發他工作中所犯的錯誤……

其實，把集體的功勞往自己身上攬、把集體的錯誤往下屬身上推，是兩種極其愚蠢的行爲。這樣做只會讓下屬們覺得你太自私，然後對你敬而遠之。即使你在工作中，真的發揮了關鍵性的作用，付出了很多，也無需自我標榜，因爲是你的功勞，下屬自然會讓給你。即使你指揮沒有失誤，完全是下屬執行不力導致出了問題，你也無需推責。相反，你應該主動站出來，幫下屬扛起應付的責任。你越是低調推功、高調攬過，你越能贏得下屬的敬重。

《菜根譚》中說：「當與人同過，不當與人同功，同功則相忌；可與人共患難，不可與人共安樂，安樂則相仇。」意思就是，做人應該有和別人一同承擔過失的勇氣，而不應該有和別人共同分享功勞的念頭。這句話告訴我們，做人要有胸懷，而不要自私、計較，對管理者而言，非常有警示作用。

要知道，世界上大凡卓越的管理者，都懂得與別人分享美名、分享功勞，在他們還沒成功的時候，懂得與別人分享利益。當他們成功之後，又懂得推功攬過，把功勞給大家，失誤自己來承擔。只有這樣，才能贏得下屬的信任和敬仰，才能讓追隨者心裏踏實，只有這樣才能凝聚人心，走向成功。

管理心得

推功，把功勞歸結為下屬的努力，是對下屬的極大肯定和讚美；攬過，主動站出來承擔錯誤，是對下屬的一種庇護和尊重。學會推功攬過，是管理者贏得下屬之心的重要手段。

Point

懂得為下屬著想，讓你贏得下屬的尊重

經常聽到管理者抱怨下屬不服從管理，沒有領會自己的意圖，沒有把事情順利辦好。還有一些管理者抱怨下屬目中無人，對他們不尊重……爲什麼下屬會這樣呢？作爲管理者，是否反省過自己，是不是自己的管理方式不好，是不是自己闡述意圖時沒有講明白，是不是自己平時對下屬缺少尊重，沒有爲下屬著想呢？如果管理者懂得換位思考，設身處地爲下屬著想，即想下屬所想，那麼，就容易搞清楚這其中的原因，也更容易贏得下屬的尊重了。

松下幸之助講到爲員工著想這個話題時，曾說過這樣一段話：假如你和課長一起加班到深夜，雖然你年輕力壯不覺得累，但年長的課長卻會感到疲憊。這時你是否會說上一句「課長，我幫您揉揉肩吧」？當然，你的課長很少會說：「好，你給我揉揉肩吧！」但是他內心會很高興，

課長可能會說：「真不好意思，這麼晚了還把你留在這兒加班，今晚原本有約會吧？」松下幸之助說，這種心靈的交流是開展工作、取得成功的動力。

從松下幸之助的這段話中，我們可以深刻地體會到：作爲管理者，在與下屬交往的過程中，更應主動換位思考，爲下屬著想。假如你和下屬加班到深夜，你主動問候下屬：「累了吧，我這兒有咖啡，給你泡一杯怎麼樣？」同樣的，下屬一般不會說：「好的，你給我泡一杯。」但是他內心會對你充滿感激，覺得你重視他。這樣一來，加班造成的疲憊感，可能一下子煙消雲散了。

如果你經常設身處地地爲下屬著想，對下屬表現出關心，那麼自然而然，下屬也會更加敬重你，更加服從你。這種關心能夠幫助你在管理中取得更大的成功，也能幫企業實現更好的發展。那麼，你怎麼知道下屬怎麼想的，需要哪些關心和激勵呢？不妨看一個小故事：

有一次，阿凡提對一個朋友說：「我能猜出你心裏在想什麼，你相信嗎？」

朋友說：「那你猜猜吧，我現在在想什麼？」

阿凡提說：「你正在想：我能不能猜出你在想什麼。」

初看這個故事，你會覺得阿凡提在耍弄朋友，但深入一想，你會發現：阿凡提所說的，不就是人的內心奧秘嗎？這不就是設身處地爲別人著想嗎？

同樣，在對待下屬時，不妨站在下屬的角度想一想，下屬最渴望什麼，然後有針對性地給予他關心和激勵，這樣往往能產生最佳的激勵效果。

管理心得

懂得為下屬著想，才能感動下屬，才能激勵下屬，才能讓下屬對你充滿尊重和敬意，從而促使下屬更加積極地對待工作。

Point

切忌帶著怒氣批評員工

作爲管理者，當你發現員工「屢教不改」時，你會不會感到窩火呢？當下屬的表現遠遠沒有達到你的期望時，你會不會莫名生氣呢？

這時你會帶著怒氣批評員工嗎？一些脾氣不好的管理者往往會這麼做，他們甚至當眾大發雷霆，痛斥員工一頓，以爲這樣可以促使員工糾正錯誤，但結果往往適得其反。因爲人都有自尊心，當員工的自尊心受到傷害時，他們往往會表現出逆反情緒，會產生消極、沮喪等不利於工作的壞情緒。

魏先生是一家建築公司的總經理，他經常去工地上轉悠，以瞭解工程進度、督促員工注意安全問題。平時他是一個相當和氣的人，指出員工錯誤時往往能語氣平和。但是有一次，魏先生在家裏和妻子發生了爭吵，帶著一肚子的怒氣來到工地。

當他看到兩名員工沒有戴安全帽時，頓時怒氣沖沖地批評道：「怎麼不戴安全帽？跟你們說過多少次了？怎麼這麼固執呢？」員工表面上接受了他的批評，但肚子裏對他滿是怨恨。當時很多員工在現場，大家目睹了這一場景，氣氛特別尷尬。

憤怒中的管理者在批評員工時，往往用過激的言語，不留情面地指責員工，例如說：「你徹底錯了，當初如果你聽我的話……」

這種不給員工留台階的批評方式，往往會激起員工毫不留情地還擊，員工會忍不住憤怒，當場和管理者叫板、對峙起來，這不但會影響管理者的威信，還會損害管理者的形象，讓管理者陷入難堪境地。

北京某管理技術有限公司的總經理楊先生曾經說過：「不管是對下屬也好，還是對其他人也罷，批評或者斥責表明這時他已經被負面的情緒所控制。在這個時候，通常所說出來的話，不會對事情和發展有建設作用，只會起到破壞作用。因此，作為管理者首要的是體察自己的情緒。」因此，管理者千萬不要帶著怒氣批評員工。

管理心得

批評對任何一個人來說，都是一件令人不愉快的事情。如果管理者沒來由地帶著怒氣批評員工，更會讓人感到尷尬，感到受傷害。管理者如果只顧宣洩內心的怒氣，而不顧場合地批評員工，置員工的感受於不顧，只會激起員工心中的憤怒，引起員工的強烈不滿。這樣一來，管理者的批評是毫無作用的。

Point

批評時要力爭做到心平氣和

在公司中，員工可能會遭到老闆或上司的猛烈批評，例如：「你怎麼辦事的！不會看清楚了再拿來？」「你到底長腦子了嗎？」「跟你說了多少遍，怎麼還不知道？」「再幹不好就給我滾蛋！」……

大部分管理者認爲，員工犯了錯誤，領導者當然會生氣，批評員工是天經地義、無可辯駁的。因此，在員工犯錯之後，上司帶著情緒批評員工，我們將此理解爲一種自然的反應，因爲老闆或上司的職位賦予了批評員工的權力。

但是有調查表明，在企業管理界，源於管理者的批評是員工產生挫折感的主要或直接原因。

美國鋼鐵大王卡內基屬下的年薪超過百萬美元的職業經理人施考伯曾說過一句名言：「世界上極易扼殺一個人雄心的，就是他上司的批評。」要想避免扼殺員工的雄心，管理者在批評員工之前應該先管理好自己的情緒，努力做到心平氣和地批評員工。

有專家總結過，情商高的管理者在批評員工時，有四個共同的特點。第一個特點是就事論事，當員工表現不佳時，他們往往先把事實講清楚，比如：「今天上班，你爲什麼遲到了半個小時呢？」而不是說：「你到底在搞什麼？怎麼上班遲到了？」因爲這樣的批評不是就事論事，容易讓員工誤以爲管理者討厭自己，會給員工帶去消極的影響和打擊。

第二個特點是，明確地告訴員工自己的感受，他們會明確地對員工說：「這件事你沒有辦好，我覺得很失望。」

第三個特點是給員工一個明確的目標，希望員工努力達到。當員工上班遲到了，他們會說：「我希望你以後可以準時上班。」而不是說：「以後不准再遲到了。」

第四個特點是，動之以情地說服員工做事，比如，他們會說：「我希望你以後準時上班，這樣我們相處得會更融洽，對公司管理也有好處。」或者誘之以利地說：「我希望你以後準時上班，這樣你才有全職獎金。」

如果你能做到上面四點，那麼你在批評員工時，就容易做到心平氣和了，這樣所取得的批評效果往往會如你所願，員工會更加敬重你。

管理心得

威而不怒、心平氣和的批評，所產生的效果其實遠勝於憤怒地斥責下屬，因為溫和的批評體現了對下屬的尊重，容易促使下屬自我反省，而憤怒的斥責只會激發下屬的自我保護心理、逆反心理。因此，管理者在批評下屬時要力爭做到心平氣和。

Point 批評下屬不能「秋後問斬」

有些管理者在批評下屬時，有一個非常不好的習慣：當下屬做了什麼錯事時，他們總是默默地看著，等到下屬類似的錯誤犯了多次時，他們才把下屬叫到跟前，嚴厲地批評道：「你怎麼這樣不注意，總是犯這樣的錯誤怎麼行呢？我記得半個月前，你就犯了一次，三天前你又犯了一次，今天你還犯……」

這種批評方式叫「秋後算賬」或「秋後問斬」，它是一種積累式的批評方式，會讓下屬很難以接受，因爲下屬會條件反射式地想：「原來領導早就看出我犯錯了，他不告訴我，不批評我，完全是在暗地裏記小賬，在暗中看我笑話。」一旦下屬這麼想，那麼管理者在下屬的心目中就失去了美好的形象，下屬就會感到消沉。

有一位總經理談到了自己過去的「教訓」：「以前我碰到過一個頑固不化的下屬，一開始我只是委婉地提醒，但是他好像沒有意識到我在提醒他，終於有一天，我忍不住了，一股腦兒地把他之前因頑固所犯的錯全部發洩出來，劈頭蓋臉地罵他一頓，沒想到，他當即和我翻臉，說我爲什麼不早說，現在才說，問我是什麼意思，我當即無言以對……後來我想，爲什麼下屬犯錯之後，我不批評，而要積累到一起呢？從那以後，我改變了這種秋後算賬的批評方式。」

「秋後問斬」式的批評是不受下屬歡迎的，因爲管理者在運用這種批評方式時，無法避免糾纏於過去的老賬。既然過去的已經過去了，管理者爲什麼還要拿出來說呢？這顯然會讓下屬感覺受到了不尊重。因此，作爲一個領導者，要批評就要及時批評，切不可秋後算賬。

管理心得

批評要注意時效性，該批評的時候就要批評，而不要在該批評的時候不批評，在不該批評的時候，或在本想適當批評的時候，卻小題大做，把下屬過去犯的錯一股腦兒地抖出來。這一點，管理者一定要牢記於心。

Point 會議上，不要輕易批評他人的意見

在會議上探討問題時，管理者經常會鼓勵下屬們發表意見，這是一個很好的習慣。但是，有些管理者聽完下屬的意見後覺得不滿意或不認同，就會忍不住批評下屬的意見，甚至無意中流露出鄙夷的眼神和諷刺的口氣。他們沒有意識到，自己不經意間的一個神情、無意間的一句批評，會極大的刺傷下屬的自尊心，打消下屬發表意見的積極性，還會引起下屬的不滿，使下屬對他們

產生不好的印象。

有這樣一個案例：

某公司的老闆喜歡和下屬一起探討問題，但是下屬們卻不願意發表意見。爲什麼呢？因爲大家發現，一旦說出的意見不符合老闆的要求，老闆就會馬上否定道：「不行不行，你這種方法肯定行不通。」「什麼餿主意啊？虧你想得出來。」每當這時，下屬都會顯得特別難堪，因此，後來大家要麼順著他的意思發表意見，恭維他的意見，要麼乾脆說「不知道」。這位老闆非常鬱悶，他本想找下屬商量對策，但是會議結束之後，沒有獲得任何幫助。

在會議上隨便批評、否認下屬的意見是不明智的，因爲：首先，你的想法不一定比下屬的想法更高明，也許下屬的意見更符合實際，更加有效；其次，既然你鼓勵下屬發表意見，那就應該多賞識他們，保護他們發表意見的積極性，而你批評、否定他們，是在打擊他們的積極性；再者，即使下屬的意見純屬無稽之談，你也可以假裝認真聽取，因爲接受下屬意見的權力在你手中，你可以說：「你的意見比較獨特，讓我思考一下。」這樣也未嘗不可。

有一位非常能幹的CEO曾經談到如何對待下屬的意見時，說了這樣一段話：每當我想否定下屬的想法時，都會做一個深呼吸，然後問自己：「我否定他對我有好處嗎？對下屬有幫助嗎？」最終，他發現否定下屬的意見是沒有好處的。於是，他轉而用欣賞的口吻評價下屬的意見：「你的見解獨到。」「你的思路新奇。」「好的，這個想法好像不錯，我想一想。」最後，下屬們發表意見的積極性得到了保護和激發，大家有想法時都願意和他交流。

管理心得

在會議上批評或否定下屬的意見，會讓下屬感到沒面子，會打擊下屬的積極性，到了下次開會時，你把刀架在他的脖子上，恐怕他都不會開口了。因此，千萬不要輕易批評或否定下屬的意見。

Point

對下屬的表揚批評應有度

表揚和批評是激勵人心最常用的兩種方法，也是管理者必須掌握的最基本的領導藝術。當下屬有了成績時，管理者應該及時加以肯定和讚揚，促其再接再厲，不斷進步；當下屬有了錯誤和不足時，管理者應該及時加以提醒和批評，促其醒悟，以便及時糾正錯誤，減少損失，避免影響全局的工作。

表揚是一種積極的鼓勵，具有很好的激勵作用。一個善用表揚的管理者，往往不會滿足於對員工優點、長處和成績的簡單肯定與讚揚，而是善於挖掘員工不斷表現出來的「閃光點」，及時給予關注，給予表揚，使員工獲得激勵。不過，表揚雖好，但要注意把握度，過度的、誇張的表揚，往往適得其反，只有恰到好處的表揚，才能真正激勵人心。

詹姆斯是一家超市的總經理，超市下面有多家分店。一年夏天，由於市場疲軟，詹姆斯的幾家超市業績持續走低。在一次會議上，他看到最近一期的業績報告，雖然業績改善不嫺熟，但是相比之前的業績，確實有所進步。於是，他表揚了業績有進步的超市管理者。這句不經意的表揚，立即啓動了大家的自信，被表揚的管理者顯得神采奕奕，充滿奮鬥的激情。後來，大家在會議上積極發言，主動提出超市經營建議，會議收到了很好的效果。詹姆斯聽取了一些有益的建議，並在實踐中採用，果然取得了不錯的經營效果。

在表揚下屬時，不要泛泛而談，而要具體、有所指，表揚用詞不要太過誇張，例如，「你真了不起」、「你太聰明了」，這樣的表揚顯得過於俗套。與之不同，如果表揚員工道：「你這個月的業績比上個月提高了百分之十，有如此大的提升，真的非常不錯，繼續努力吧！」這樣的表揚能取得更好的激勵效果。

同樣，批評也是一種激勵策略，儘管沒有人喜歡別人批評自己，但實際上，批評往往能給人引導，給人警醒，使人進步。因此，管理者在運用批評時，一定要講究方式方法，講究適可而止，避免批評引起下屬不快。爲此，需要注意幾點：

一是批評要對症下藥。批評什麼，一定要說明，不要讓人一頭霧水；二是要把握火候，因爲人都是有自尊的，即使員工犯錯，管理者也要保護他的自尊心。如果幾句話能解決問題，就不要多說；如果一次批評就能奏效，千萬不要再次提起；如果可以私下批評，最好不要當眾批評。這樣顧及了被批評者的臉面，可以給下屬一種親近感、愛護感，從而使下屬心平氣和地接受批評。

管理心得

無論是表揚下屬還是批評下屬，都應講究適度原則。過多的表揚、過於誇張的表揚，顯得太過廉價。時間久了，員工會不以為然。過多過度的批評，會讓員工顏面掃地，自尊心受傷害。因此，批評適可而止，要點到即止，千萬不要一棒子把員工打死。

Point

用情感安撫下屬「騷動的心」

每當傳統佳節、年底臨近時，員工的心就開始騷動，尤其是一些不按國家政策規定放假的公司的員工，更是會猜測公司會放幾天假，還會猜想過節公司會發什麼禮品、年底的年終獎能否兌現。員工的心一旦騷動了，必然影響工作士氣，影響工作效率。因此，管理者要想辦法安撫下屬騷動的心。

一天，一位員工接到母親的來電，在電話中，母親激動地說：「兒子啊，一定要好好工作呀，不要辜負老闆的一份好意。」這位員工聽了感到莫名其妙，不知道母親在說什麼，爲什麼扯上自己的老闆？

接著，母親說：「今天是中秋節，家裏收到了你們公司寄來的月餅，還有你們老闆親自寫的賀卡，說你在公司表現很好，讓我們放心，你今後一定要努力啊……」那位員工聽到母親的話驚呆了，因爲剛才他還在和同事抱怨公司不發月餅呢，沒想到結果令他受寵若驚。頓時，他感受到了老闆的重視和信任，以後沒有理由不認真工作。

別看這小小的月餅，也事關員工的情緒；年年都一樣發吧，員工嫌公司沒新意；如果乾脆不發，員工又會抱怨公司太小氣。英明的領導選擇既要發，又要發出新意，對員工產生激勵性。因爲他們知道，傳統佳節員工最渴盼得到公司的關懷，小小的月餅若能發出新意，讓員工看到公司的重視，就能深得人心。

事實證明，員工的內心騷動時，公司並不需要花多麼龐大的費用去安撫，關鍵在於付出感情，比如，對員工噓寒問暖，一樣能讓員工感到貼心。

管理心得

人心騷動時，整個企業都是浮躁的。只有動用真感情，才能安撫下屬騷動的心。如何動感情呢？主要表現為對下屬表達關心、關愛，像對家人一樣對待下屬。

Point

容才留才，防止「跳槽」

你想留住人才嗎？那就學會包容、寬容他們。既要容人之才，不因他們的能力強於你自己而嫉賢妒能；又要容人之短，不因他們有缺點與不足而苛責；還要容人之過，不因人才犯了錯或工作失敗而抱怨、指責他們。

某公司的董事長鼓勵員工積極創新，還針對創新制定了一系列的獎勵措施。在獎勵措施中，有這樣一條：即使創新失敗，但依然值得肯定，依然會得到公司的獎勵。

這位充滿「探險家」精神的董事長認爲，再優秀的人才也會犯錯，如果一個人從來沒有犯錯，那多半是因爲他毫無建樹。

在管理中，他經常鼓勵員工別怕犯錯誤，不要畏懼失敗。正因爲他對人才有這般容忍的態度，才使公司持續發展，長盛不衰。

工作並不總是順利的，人才失敗也很正常，可怕的是人才失敗後，管理者就不再信任他，不再重用他，這樣人才將會非常失落，對管理者也會產生失望之情。

如果一個管理者做不到「容才」，不容忍人才因爲創新引起的失敗，無異於在給人才的思想上枷鎖，束縛人才的手腳。在這種情況下，人才的價值是難以最大化發揮的。

真正聰明的老闆，懂得對人才大度、包容、忍讓，他們不會因爲人才的缺點，不會因爲人才在創新路上的失敗而對人才心存不滿，相反，他們還會真心地安慰員工，鼓勵他們：「我相信你，下次再努力，一定能行的。」這樣能讓人才獲得向上的源泉。

另外，優秀的人才往往個性突出，有些自大，可能在無意間冒犯了管理者，對此，管理者也應該多多包容。

有些管理者有一種「老虎的屁股摸不得」或「太歲頭上的土不能動」的心態，一旦被冒犯，就會動怒，甚至伺機報復。

真正有遠見、有度量的管理者，是不會輕易給冒犯者「穿小鞋」的，他們懂得以企業爲重，從大局出發，毫不介意。因爲他們知道，這些「膽大包天」的冒犯者大都是性格耿直、行事光明的人，這正是難得的人才，是企業發展的希望所在。

管理心得

老闆的心胸有多大，企業就能走多遠。因為有了胸懷，才能容下人才，才能留住人才，才有希望在人才的幫助下，把企業做大做強。

Point

常對下屬說：「你的工作很重要。」

人類本性最深的企圖之一就是期望被人誇獎和肯定。如果你想讓下屬感到自己很重要，不妨常對下屬說：「你的工作很重要。」因爲把一份重要的工作賦予下屬，同樣能帶給下屬重要感。因此，千萬不要辜負下屬渴望被肯定、被欣賞的心理。

某賓館有一位前台小姐，工作勤勤懇懇，認真負責，深受顧客的好評。但是有一天，她卻突然遞交了辭職報告。這讓賓館的老闆十分不解。因爲這家賓館的工資待遇在當地算是比較高的，而且她工作一直很努力，爲什麼突然不想幹了呢？

老闆找到那位前台員工，問她爲什麼要辭職，她說：「太沒有意思了，我感覺幹得好幹得壞是一個樣。雖然工資待遇不錯，但是我總覺得這份工作有些卑微，我希望做更重要的工作，以體現我的價值。」

也許，很多企業留不住員工，就是因爲員工覺得工作卑微。在社會的大舞台上，每個人都希望自己充當重要的角色，作爲管理者，一定要認識到員工渴望獲得重視的心理。怎樣才能讓員工感到自己重要呢？最簡單的一個辦法就是向員工闡述其工作的重要性。

管理者既可以告訴員工：「你的工作是公司運行的重要一環，缺少了這一環，公司就會癱瘓。」也可以告訴員工：「你的工作是爲社會服務的，公司生產的產品被顧客購買到家裏，發揮著重要的作用，這就是你的價值所在。」

曾有人問一位微軟員工：「你爲什麼留在微軟？」得到的回答是：「因爲在微軟工作我獲得了成就感，我覺得自己的價值得到了體現，我有這樣的工作很滿足。」微軟的員工之所以感到有價值，是因爲他們的管理者通過各種手段，使員工有機會在每一個重要的崗位上發揮聰明才智。

管理心得

經常對下屬說：「你的工作很重要。」可以促使他們明白自己的價值所在，也可以提醒他們做好本職工作。這樣，無論員工從事多單純、瑣碎的工作，他們都會認識到工作的重要性，並且衷心致力於這樣的工作崗位。

Point 與員工分享勝利果實

在工作中，當某個專案取得成功時，獲得最大褒獎的往往都是管理者。儘管我們建議管理者要推功攬過，但屬於管理者的頭功是跑不掉的。那麼，當管理者獲得榮譽和獎勵之後，該怎樣對待這個勝利果實呢？是一人獨享，還是和下屬們一同分享？

陳先生是某公司的總經理，由於近日在與德國商人的談判中大殺對方的威風，壓低了對方所要的價格，爲公司節省了幾十萬元，也讓公司揚眉吐氣，士氣大漲。

獲得生意上的勝利之後，陳先生沒有忘記和自己一起奮戰多個晝夜、共同商討談判方案的員工們，他慷慨解囊，請諸員工週末隨他一起去狂歡。他請大家吃了一頓飯，然後和大家去唱歌，大家玩得都非常盡興。雖然花了幾千元，但他卻得到了員工的愛戴，贏得了員工的一片忠心，今後大家跟著他幹活格外賣力。

陳先生的案例告訴我們，與下屬們分享勝利果實，對員工是一種很好的激勵。身爲管理者，無論是公司盈利了，還是管理者個人晉級加薪了，都是一件可喜的事情，這個時候千萬別忘了那些爲你打江山的員工們，要設法讓他們也有所晉升、得到獎勵，這才是對員工最大的關心和激勵。當你獲得勝利果實之後，高興地和大家一起分享喜悅，必然會使他們與你上下一心，齊心合力，動力十足。

管理心得

當你獲得公司的嘉獎時，當公司獲得巨大贏利時，當一項任務圓滿完成時，不要忘記那些和你一同奮戰的下屬，他們也是有功之臣，他們不應該被忽視、被遺忘。明智的做法是，和他們一起分享勝利果實，以激勵他們，使他們與你一同繼續創造更好的業績。

Point 公開、透明，才能被認同

企業管理，講究公開、透明，使大家做到充分溝通理解，滿足大家的知情權、對公平的追求，從而有效地保證工作有序開展。有些管理者不重視公開、透明，什麼事情都單獨和某一兩個員工談，這樣就容易引起其他員工的猜想：領導有什麼事情不好跟我們說？爲什麼要跟他們說？一旦員工有了這些猜想，他們就可能心神不寧，工作時難以集中精力。

萬經理特別喜歡和員工商量問題，按理說這是一個很好的習慣。因爲它可以讓員工參與到決策中來，使員工獲得被重視的感覺。但是，員工們卻非常討厭和萬經理商量問題，因爲同一件事情，原本可以放到台面上讓大家一起討論，但萬經理卻輪流把員工叫到辦公室去商量，這不僅耽誤了大家的時間，還會導致員工之間無法實現互動，引起不必要的猜忌。結果，萬經理制定的決策，往往得不到大家的認同，有時候還會引起員工的強烈不滿。

管理者最大的忌諱是「暗箱操作」，這不僅會造成不必要的猜疑，還會惡化工作環境，使組織目標難以實現。因此，在管理過程中，管理者應該公開、透明地處理事務，使員工都能明白管理者的意圖和想法，以便管理者的決策得到大家的認同，從而促使執行過程更順利地開展。

管理心得

有個成語叫「開誠佈公」，每個管理者都應該做到這點，坦率地把問題提出來，公開地和大家探討，這樣不僅可以使大家共同參與進來，營造良好的組織溝通氛圍，更重要的是，可以制定出大家認同的決策。

Point 要勇於向下屬說聲「對不起」

在企業中，有這樣一種怪現象：一個人所處的位置越高，「對不起」三個字越難說出口。普通員工不小心犯了錯，被領導批評幾句之後，馬上道歉甚至寫檢討，這不是什麼稀奇事。然而，如果管理者犯錯了，事情就沒有那麼簡單了。面對下屬，作爲上司的你，會勇敢地道歉嗎？

某求職網站曾經做過一份調查：在被調查的二〇三一位白領中，百分之六十點三的被調查者表示自己的上司從來沒有向自己道過歉，只有百分之三十九點七的白領接受過上司的道歉。這份調查充分說明，位高權重的管理者不善於道歉。

年底公司很忙，老闆找到小王，交給他一份總結資料，讓她把資料列印出來，因爲第二天的會議上要用到這份資料。那天晚上，小王加班到凌晨一點多，把資料列印好，放在老闆的辦公桌上。第二天，老闆來到辦公室沒有找到小王放在那兒的資料，於是氣急敗壞地罵了她一頓，而且連一點解釋的機會都不給。

等老闆罵完，小王在身旁的垃圾桶裏發現了自己交上去的資料。原來，老闆早上到辦公室時，把那份資料夾在廢舊雜誌裏扔掉了。當小王從垃圾簍裏撿起那份資料交到老闆手裏時，老闆的臉上有一瞬間的尷尬，他很不自然地笑了笑，但什麼也沒說。

在一個星期後公司的年底聚餐上，老闆端著一杯酒走到小王身邊，說是要特意敬她一杯。小王當時有點受寵若驚，但馬上就明白了老闆是爲之前錯怪她而表達歉意的。那杯酒，小王也痛快地一飲而盡了。從此，小王心中的芥蒂也一掃而光。

想讓老闆向你道歉，那不是開玩笑嗎？老闆能借聚會之機通過敬酒表達歉意，已經非常不錯了。但不可否認的是，如果老闆懂得開口道歉，對受委屈的員工來說是更好的安慰。畢竟誤解、冤枉、錯怪帶給員工的打擊是很大的，如果不及時表達歉意，對員工的工作積極性會造成很大的影響。

道歉不僅是認錯，更是一種尊重。尤其是一貫高高在上的管理者，如果在犯錯之後及時道歉，真誠地對員工說聲「對不起」，可以很好地讓員工看到管理者平等待人的處世態度，這樣有利於贏得員工的認同和敬重。

管理心得

誰都有犯錯的時候，在犯錯之後勇於向下屬道歉，是管理者需要具備的勇氣。道歉要及時，效果才最好。如果有些客觀因素導致不適合在當下道歉，那麼也不宜將時間拖得過久，否則，道歉也失去了原本的意義。

Point

以身作則，激起下屬工作熱情

榜樣的力量是無窮的。在企業中，管理者是全體員工的最好榜樣，如果管理者對待工作能夠充滿激情，努力提高工作效率，那麼對員工能產生很大的感染力，有助於帶動員工更好地完成工作，甚至能極大地改變企業的風氣，扭轉企業發展的頹勢和敗局。

有家電腦公司經營不善，員工離心離德，工作效率十分低下。後來，公司換來一位新的總經理。當他上任時，很多員工已經厭倦了自己的工作，不少員工甚至已經寫好了辭職報告，只等總經理上任，就提交辭呈。

但是，新總經理的到來改變了這一切。他說，當時的公司就像一潭死水，員工個個沒有生機和活力，對工作絲毫沒有激情。他就想，一個有朝氣、有活力的行業，而且大多數員工是年輕人，爲什麼會變成這樣呢？

在改革公司制度、強調人心激勵的同時，新總經理還以身作則，決心用自己的激情感染大家，燃起全體員工心中的熱情。每天，他第一個到公司，並微笑著與每一個同事打招呼。在工作中，他始終面帶微笑，即便遇到困難，也不煩躁。

在新總經理的影響下，公司的員工也準時上班，按時下班，工作逐漸變得有激情。在短短的三個月內，公司的工作氛圍發生了一百八十度的逆轉，公司的業務也不斷上升，公司的競爭力逐步提升。

俗話說：「喊破嗓子，不如幹出樣子。」作爲管理者，當你發現員工的工作激情不夠，工作態度不端正時，不妨及時反省一下自己：是否是我的不良工作態度影響了他們？我是否應該以身作則，帶給他們正能量呢？如果你能時常這樣想，那麼你將是企業之福，也是員工之福。

在工作中，當員工發現了樂趣並綻放出自己的熱情時，他們就會具有高度的責任感和創造力。同時，由於他們的努力工作，工作也會帶給他們足夠的成績和成就感、樂趣。在這種良性循環下，企業會發展得越來越好。因此，管理者要學會以身作則，想辦法激起下屬的工作熱情。

管理心得

熱情是可以傳遞的，來自於管理者身上的熱情，可以鼓舞和激勵公司的員工，使大家朝著企業目標進發。一個熱情的管理者，所到之處，都會散發出活力、激情，還會驅散一切消極的情緒。因此，努力做到以身作則，管理將會變得輕鬆許多。

Point 善意的「欺騙」可以鼓舞士氣

說到「欺騙」二字，相信很多人會爲之不齒，因爲欺騙是卑鄙的行爲。但是在企業管理中，善意「欺騙」卻是一種激勵人心、鼓舞士氣的重要手段。比如，望梅止渴的故事，就是爲人熟知的激勵案例。

東漢末年，曹操興兵討伐張繡，長途跋涉，非常辛苦。當時正直夏季，太陽非常火辣，士兵們一個個疲憊不堪。由於一路上都是荒山野嶺，找不到水源，大家口渴得受不了，很多人嘴唇都乾裂了。每走幾里路，就有士兵中暑昏倒，就連身體強壯的士兵，也覺得無法堅持下去。

看到這種情景，曹操非常焦急。他策馬奔向前方的山崗，極目遠眺，想找到水源。可是一眼望去，前方全是乾裂的大地。突然，曹操靈機一動，大聲喊道：「前方有一大片梅林，有好多楊梅，大家再堅持一下，很快就能吃到楊梅解渴了。」

戰士們聽到楊梅，立馬想到酸味，頓時忍不住流口水，很快大家就振奮起來，加快步伐前進。最後，大家終於找到了水源。

高明的管理者懂得隨機應變，哪怕說出的是謊言，只要出發點是好的，他們也會積極嘗試。就像曹操一樣，深諳人的心理，懂得士兵在口渴的狀態下對水的渴望，因此，靈機一動，想到了編造「前方有楊梅」的謊言，從而很好緩解了士兵的口渴感，安撫將士們的不良情緒，激發了大家的積極性。

作爲員工，即便被管理者的謊言所騙，他們也不會記恨。因爲從善意的謊言中，他們能看到管理者的一片真心。因此，管理者不必顧慮太多，不要擔心說了善意的謊言而影響自己的形象。所以，當你發現員工對公司的現狀心存抱怨，對工資、福利、待遇等不滿意時，不妨用善意的謊言來安慰員工、激勵員工，安撫員工浮躁的情緒，使之踏實地爲企業效力。

管理心得

凡事無絕對，謊言也不一定全是不好的。只要運用得好，善意的謊言也能帶來強大的激勵效果。不過，在編造謊言激勵員工時，管理者要拿捏好具體的事情、說謊的程度，千萬不要太過分，否則可能會傷害員工的感情。

Point

在不同情況下用不同的激勵方式

激勵是領導者必須掌握的一門領導藝術。作爲團隊的領導者，應該充分運用激勵藝術，在不同的情況下給下屬不同的激勵，最大限度地激發出員工的積極性、主動性和創造性。一般來說，在管理中領導者需要運用以下幾種不同的激勵方式：

在佈置工作時，管理者要運用發問式激勵

所謂發問式激勵，是指在佈置工作之後，要熱情地詢問員工是否有困難，公司需要提供什麼硬體和幫助？雖然有時候這種發問可能是多餘的，員工並不需要什麼幫助，但是這種發問能讓員工感受到尊重和關懷。如果管理者只是發號施令，然後一撂了之，那麼員工會覺得自己就是一個接受命令、完成任務的「機器」，這樣他們就感受不到尊重，潛能就難以得到最大的發揮。

在委派任務時，管理者要運用授權式激勵

管理者給員工委派任務後，就意味著員工要承擔一定的責任。這個時候，管理者必須授予員工相應的權力，允許他充分地行使權力，並且不加無端地干預。如果管理者不放心員工，不授權給下屬，而是對員工做事無巨細的安排，就容易貽誤戰機，還會造成下屬逆反、消極怠工。這樣一來，管理者委派的任務就難以得到落實。

在決策過程中，管理者要運用參與式激勵

參與決策、參與管理是員工自我實現的一種需要，也是精神方面一個高層次的需求。管理者在決策中，應該保持民主作風，爭取讓更多的員工參與進來，發表自己的觀點，這是激發員工責任心、榮譽感和合作意識的有效方式。

再者，管理者的個人智慧相對於團隊全體而言，總是微乎其微的，只有讓大家盡可能參與進來，積極獻計獻策，才能誘發出更多不同尋常的奇思妙想和有價值的建議，從而使決策更爲科學，更符合實際。

在評價功過時，管理者要運用期望式激

當員工完成任務，取得成績後，總會期望領導給予恰當的評價和適當的肯定。而一旦員工執行不力，發生過失時，他們最擔心的莫過於大家的冷漠和不理睬。所以，管理者要善於運用期望式激勵，無論員工是功是過，都應該及時做出評價，或肯定、表揚，或安慰、鼓勵，這都會對員工產生相當積極的作用。

在發生矛盾時，管理者要運用寬容式激勵

在管理中，領導者與員工發生矛盾實屬常見。作爲一位領導者，當與員工發生矛盾時，應該做到大度寬容，不生氣、不計較、不報復，主動與員工溝通，表達你的想法：你完全是出於工作考慮，是對事不對人的，絕沒有任何私心。在發生矛盾的同時，言辭不要過激，而要公正客觀地評價員工，這樣才能令下屬服氣。

管理心得

不同情況下的激勵方式，所產生的作用是不同的，管理者只有學會恰當地運用不同的激勵方式，才能取得最大化的激勵效果，使下屬獲得尊重、信任、肯定和安慰，使下屬迸發出激情和鬥志，保持積極的工作態度。

Point 在競爭中激發員工活力

在心理學上，有個「鯰魚效應」，說的是漁民在出海捕獲沙丁魚之後，爲了讓沙丁魚活著回到港口，在魚槽裏放了幾條鯰魚。因爲鯰魚是食肉魚，放進魚槽後會四處游動，到處找小魚吃，這就迫使沙丁魚四處游動，促使沙丁魚進行有氧運動，最後牠們果真活蹦亂跳地回到了港口。

其實，企業用人也是同樣的道理。因爲如果一個公司長期人員固定，沒有新員工加入，員工之間沒有競爭，員工沒有壓力感，就容易產生惰性。因此，適當引入「鯰魚」型員工，在公司內部製造一種競爭的氣氛，有助於企業員工煥發生機與活力。「鯰魚」既指有競爭力的員工，也指外部的競爭氛圍。

二十世紀六〇年代末，某公司採取多種經營進入了電腦市場，公司研製的鍵盤式電腦在推出初期，獲得了很好的反響，但是好景不長，公司的競爭對手推出的小型電腦質優價廉，迅速佔領了市場，使得該公司的產品銷路不暢。公司爲了應對競爭，倉促研製，產品缺乏合理性，導致公司出現巨額赤字，瀕臨倒閉。

爲了挽救敗局，公司董事會決定，把公司面臨的競爭壓力和危機告訴全體員工，呼喚他們團結起來，背水一戰。這一做法使得那些往日高枕無憂的員工緊張起來，他們開始開動腦筋，爲公司的發展提供了新建議，工作積極性被充分調動起來，使得該公司在六年之後走出了困境。

來自外部的競爭壓力就像一條鯰魚，可以促使公司內部的「沙丁魚」產生危機感，使得他們不得不「動起來」，積極爲公司的發展出謀劃策。競爭壓力帶給員工的激勵作用是顯而易見的，能使員工擺脫安逸的心態，認清殘酷的現實，從而與企業同舟共濟，再續輝煌。

管理心得

孟子曾說：「生於憂患，死於安樂。」在如今這個競爭激烈的社會，管理者應該適當向員工傳達危機感，讓員工感受到競爭的壓力，比如，在企業內部實行競爭上崗制，引進實力派員工，讓企業內部這潭「死水」蕩起漣漪，激起全體員工的鬥志和活力。

Point

把對新員工的培訓當做一種投資

查看各大招聘網站，你會發現：幾乎每一家公司在招聘時都要求應聘者有工作經驗，有些公司甚至把工作經驗當成一種不可妥協的原則，一律不招收沒有經驗的應聘者。站在公司的立場，雖然這個要求沒有什麼不妥，但這樣很容易將那些有志於爲公司效力的年輕人才拒之門外。

在國外，有些企業爲那些主動性強的年輕人敞開大門，儘管他們沒有工作經驗，但是他們有學歷，具備相當高的素質，充滿了可塑性。當他們進入公司後，很快就能成爲公司的骨幹。

可是，眾多企業並未意識到培訓員工的重要性，他們渴望的是「招來即用型」的人才。遺憾的是，認爲培訓新員工會增加企業的成本，而招聘有經驗的員工可以節省培訓成本。這種目光短淺的做法往往會把優秀的、可培養的年輕人拒之門外，而流動來的「有工作經驗」者，往往是從其他企業跳槽而來的，他們或許因不滿原單位的薪酬、環境等而跳槽，很容易又產生新的不滿匆匆離去。這種「來也匆匆，去也匆匆」的現象，會嚴重影響企業的人員穩定，對企業會造成間接的損失。所以，管理者不妨改變用人觀念，把對新員工的培訓當成一種投資。

事實上，對新員工進行培訓，有利於他們掌握新知識、新技能，這種與時俱進的知識、理念是企業發展所需要的。儘管企業在培訓新員工時，會支出一些費用，但從長遠來看，經過培訓的新員工會給企業帶來巨大的回報。

管理心得

不要以資金不足、人手不夠為由，拒絕對新員工進行培訓。要知道，對新員工進行培訓是一種明智的投資，員工在獲得培訓、得到重用之後，對企業也會產生一種感激。在這種心理的作用下，他們更容易長久地為企業的發展做貢獻。這種忠誠度是「跳槽而來者」所不能比的。

下篇

三分管人，七分做人

Point

小公司做事，老闆要先管好自身修養

美國ＩＢＭ公司的小湯瑪斯．沃森曾經說過：「一個偉大的組織能夠長久生存下來，最主要的條件並非結構形式或管理技能，而是我們稱爲信念的那種精神力量，以及這種信念對於組織的全體成員所具有的感召力。」這種信念，與管理者的道德觀、自身修養和價值觀是密不可分的。

所以，立業先立身，立身先立德。身爲管理者，一定要先管好自身修養，因爲管理者是公司的靈魂，是創新的主角，要以長遠的眼光、堅定的信念、卓越的能力，指揮千軍萬馬馳騁於激烈競爭的市場。管理者不僅要以卓越的工作能力影響著企業的發展，更要以高尙的道德觀、價值觀來左右企業的前途和命運。

俗話說：「火車跑得快，全憑車頭帶。」管理者的道德，對一個組織的重要性不言而喻。國外很多企業越來越注重自身的道德建設，英國《金融時報》股票交易所國際公司的總裁認爲，只有當企業的管理者在社會責任方面起表率作用時，公司才會將其納入自己的合作對象。而公司的道德，首先來自於管理者的道德修養。

那麼，身爲企業的老闆，管好自身修養要注意哪些方面呢？

(1) **樂於學習**

學習不僅是一種習慣，更是一種修養。作爲企業老闆，要學習的不僅是知識，還有更多爲人處世、企業管理的智慧。一個虛心請教、樂於學習的老闆，會給企業的發展帶來希望，給員工的成長帶來曙光。

(2) **開拓進取**

優秀的企業家必須勤於思考，大膽創新，敢於承擔風險，而不能盯著已有的成績沾沾自喜，而要始終把自己的企業放在整個市場的熔爐裏，不斷接受挑戰，不斷開拓進取。爲此，管理者要積極吸取新思想、新知識、新經驗，不斷提高自己的經營管理能力。

(3) **胸懷坦蕩**

一個有修養的老闆，應該是一個胸懷坦蕩的人，應該聽得進各種意見，然後認真分析，集思廣益，果斷地做出決策；對於別人的冒犯，應大度能容，不予斤斤計較；對於員工的錯誤，予以諒解、鼓勵，更好地激勵員工知錯就改。這樣的管理者才能帶給員工正能量，帶給企業凝聚力。

(4) **任人唯賢**

在用人上，老闆應堅持德才兼備的原則，做到任人唯賢，不要提倡哥兒們義氣，拉幫結夥，搞親親疏疏或「親化組合」。

管理心得

真正優秀的老闆，不能眼裏只有金錢，而沒有一個高尚的人格來支撐。俗話說：「小勝靠智，大勝靠德。」公司要想發展壯大，必須有管理者的品德做基石，這樣才能凝聚人心，為企業發展而共同努力。

Point

打鐵先要自身硬：管人者必先管好自己

俗話說：「打鐵先要自身硬。」管理者要想管好員工，必須先自覺地服從公司規定，發揮好表率作用。這樣在管理員工時，才能身正不怕影子斜，才能充滿威嚴，從而令下屬自覺地服從你的管理。

三國時期，曹操是一位以治軍嚴明而出名的政治家、軍事家，他經常帶頭做表率，給部下樹立好榜樣。戰爭初期，曹操十分重視農耕，他出台規定：不允許任何人隨便踐踏農作物，一定要給農民留下好印象。雖然有這個規定，但總有士兵違反，結果，不分大將小兵，一律斬首示眾。

有一次，曹操帶兵經過一塊麥田。突然，一群小鳥忽然飛過，把曹操的戰馬驚動了，戰馬一下子奔到了附近的麥田裏。曹操當即叫來執法官，要求按規定治他的罪。執法官哪敢治罪於曹操，戰戰兢兢，猶豫了半天。曹操說：「天子犯法當與庶民同罪，更何況我呢？我身爲丞相如果不能以身作則，出爾反爾的話，以後還怎麼治理軍隊？」

曹操的部將們見狀，紛紛勸說曹操，請他以天下黎民百姓爲重，從輕處理自己。於是曹操說：「我作爲主帥，不治死罪，但活罪難逃。」說完拔出寶劍，割下了一把頭髮，以示懲戒。從此以後，歷史上有了「割髮代首」的佳話。

如果違反規定後，不要求處罰自己，怎麼能夠服眾呢？正是曹操的實際行動，爲將士們樹立了一個榜樣，讓大家知道：如果違反了規定，必然按軍法處置。這就是示範所起到的威懾作用。

管理心得

管理者管好自己，就是在樹立榜樣，向下屬們發揮示範作用。因為只有先管好自己，才有資格管好部下，也才能有效地管理部下。如果管理者以身試法，任意踐踏企業制度規定，又讓下屬怎樣去遵守命令呢？

Point

做一個有影響力的領導者

爲什麼在被取消其王室資格後，英國的戴安娜王妃仍然擁有傑出的領導力？爲什麼美國黑人牧師馬丁·路德·金、印度「聖雄」甘地等，雖然沒有顯赫的職位或頭銜，但是他們一句話就能掀起軒然大波？因爲他們擁有強大的影響力，這種影響力不是權力所賦予給他們的，而是來自於他們的知識、素質、人格魅力等綜合因素。

美國前總統艾森豪曾表示，領導力必須建立在影響下屬的基礎之上：讓下屬做你期望實現、又令他願意做的事情。一個卓越的管理者發揮影響力的基礎包括三個方面：

（1）**判斷力**

管理者的判斷力包括思想、觀點、理念、視野、分析力度、哲學理念等等，比如，西方的蘇格拉底、色諾芬、黑格爾、邱吉爾以及中國偉大的思想家孔子、孟子、老子、莊子等，他們都有豐富的思想境界和明確的人生方向，他們思想的視野、遠見和判斷力給了世人久遠的影響力，引來無數的追隨者。在市場競爭激烈的今天，管理者作爲企業的領軍人物，急需提升自己的思想、視野、分析力和判斷力，這才是吸引下屬追隨的源泉。

(2) 專業知識能力

專業能力是管理者影響力的重要源泉。早在二〇〇〇多年前，蘇格拉底就說過這樣的話：「無論在什麼情況下，人們總是最願意服從那些他們認爲是最棒的人。所以，當人得病的時候，他們最容易服從醫生，在輪船上則服從領航員，而在農場裏則服從農場主，這些人都是他們各自領域裏最有技能的人。一個最清楚知道應該做什麼的人，往往最容易獲得其他人的服從。」由此可見，擁有過硬的專業知識是一個管理者所必須具備的素質。

(3) 人格魅力

影響力、領導力其實就是人格魅力的延伸，它們都來源於管理者本身的品格和素質。當我們強調管理者的人格魅力時，其實就是強調要做事先做人。要想成爲一個令大家尊重和信任的人，無非就是做到智、信、仁、勇、嚴，即所謂的智者不惑，無信不立，仁者不憂，勇者不懼，嚴以律己。如果一個管理者能做到這些，那麼何愁沒有影響力。

管理心得

權力絕不等同於影響力，如果一個管理者僅僅靠權力和職位去領導下屬，他不可能產生持久的影響力。因為如果下屬不是被你的人格魅力、知識、才華、能力所征服，而是懼怕你的位高權重，那麼隨著你的離職，你的影響力也會迅速消失。

Point

影響力比權力更可靠

領導者的權力是職位所賦予的，是外部給予的，但領導者的影響力則源於內在素質和個人品質。權力的運用依靠強行鎮壓或強硬要求，而影響力的發揮則依靠知識、榜樣和思想的感染、感動、帶動和影響。領導者通過權力管理下屬，往往讓別人口服心不服，而通過影響力管理下屬則讓人心服口服，完全臣服。

在《葛底士堡》這部電影中，講述美國內戰時期的一次重大戰役——葛底士堡戰役。電影中，有個片段描述了張伯倫上校如何對待逃兵。

當時部隊裏有一批士兵出逃，被抓回來之後，一個逃兵代表抱怨：「我們已經做了很多貢獻，但是卻受到了虐待，我們厭惡戰爭……」面對這一情況，張伯倫的部下勸他用手中的權力，嚴懲甚至槍斃這些逃兵，但是張伯倫沒有這麼做。

張伯倫向逃兵們闡述了這次戰爭的重要意義，「如果北方軍失敗了，那麼我們就會失去最寶貴的自由。」他承諾給他們機會選擇去留，同時通過曉之以理、動之以情的勸說，最終感化了逃兵，使他們心甘情願地重返戰場，並鬥志昂揚地上陣殺敵，最後取得了葛底士堡戰役的勝利。

領導者的影響力一般表現爲知識、人格、思想等方面。關於知識的影響力，我們可以從一句俗話中感受到：「知識就是力量。」著名的醫生、教授、工程師、科學家、技工等等，他們在自己的行業裏，都會給下屬帶來巨大的影響力；關於人格的影響力，我們可以從美國西點軍校的校訓中感受到：「領導力就是品格。」領導者人格、品格的魅力涉及到其價值體系，比如，誠實正直、責任擔當、換位思考、堅韌不拔、寬容仁愛等等，這些品質都是下屬願意追隨的原因。

當然，領導者的思想對下屬同樣具有很大的內在感染力。在公司、團隊、組織中，眼光高明、思維睿智的領導者，往往受人敬仰、敬佩。古往今來，偉大的思想者總能引來前赴後繼的追隨者，比如，中國的孔子、孟子，美國的華盛頓、林肯，歐洲的蘇格拉底、馬克思等等，儘管他們已經逝世，但他們的影響力依然存在。再看看當今的商業界，海爾的張瑞敏、聯想的柳傳志、阿里巴巴的馬雲等人，都有敏銳的商業眼光，深邃的思想境界，他們也充滿了影響力。

身爲企業的領導者，如果你想讓自己具備更大的影響力，除了增加知識、提升品格、提升思想方面的努力，還可以從以下幾個方面提升自己：

(1)以身作則

身教重於言傳，一個簡單有效的身體力行，很容易影響下屬。很多領導者在下屬面前高談闊論，卻沒有爲下屬做好榜樣，何談影響力。相比之下，領導者少一些誇誇其談，多一點身體力行，更容易感染下屬、影響下屬。

(2)理性說服

當下屬與你有不同的觀點時，如果你運用權力強迫他服從你，或置他的觀點於不顧，那麼下屬今後可能不再積極提出自己的想法。反之，如果你理性地說服他，讓他知道你爲什麼不贊同他的觀點，這樣下屬更容易信服你。

(3)傳播積極的因數

身爲領導者，應該像太陽那樣照耀整個團隊，讓大家感受到你的熱忱和積極，讓大家看到你在工作中享受到的樂趣，而不應該消極、冷漠。當領導者的樂觀、希望、信心不斷向外散發時，其影響力也會不斷提升。

(4)及時給員工幫助

不論是在工作中，還是在工作之外的生活中，當你發現員工遇到難題時，如果你能及時站出來，給員工提供指導和幫助，久而久之，你的影響力自然就會提升。

管理心得

影響力使人臣服，權力頂多使人屈服，迫於無奈的屈服，總有一天會爆發出更強烈的反抗。只有心甘情願的臣服，才能讓員工死心塌地的追隨領導者。因此，領導者的影響力比權力更可靠。

Point

胸懷寬度決定事業高度

作為一名管理者，有管理方面的專業知識、有過人的工作能力很重要，但更重要的是，管理者應該有寬大的胸懷。從某種意義上說，管理者的胸懷寬度決定了事業和自身發展上升的高度。這一點在世界富豪巴菲特身上有非常典型的體現。

眾所周知，巴菲特擁有過人的投資天賦。其實，除此之外，他還非常善於管理，他在管理上採取無為而治的策略，把權力充分下放給部屬，這體現了他一種博大的胸懷和對下屬的信任。

根據《華爾街日報》的報導，巴菲特過完七十五歲的生日，就當起了甩手掌櫃。他讓手下的經理們保持高度的自主，這絲毫沒有影響他每年獲得豐厚的投資回報。《華爾街日報》評價巴菲特：不但是一個天才的投資者，還是一個卓越的領導者。

巴菲特在管理中，很少召開會議，也不要求管理者經常向他彙報工作。他手下有四十二家子公司，對於這四十二家公司的發展，他從來不直接干預，而是鼓勵分公司的經理們獨立地經營公司的業務。他經常描述自己公司的情形：這兒沒多少事情可做。他甚至有時間給老歌塡詞，爲朋友比爾．蓋茨在生日聚會上助興。

管理的最高境界是無爲而治，但要做到無爲而治卻不容易，因爲這考驗的是管理者的胸懷和氣度以及對下屬的信任。如果一個管理者沒有寬大的胸懷，他是不可能充分地下放權力的；如果管理者對下屬不信任，也不可能充分下放權力。而一個不懂得放權的管理者，很大程度上是靠個人的智慧經營企業，下屬的聰明才智和主動性難以充分調動起來，對企業的發展是不利的。

如果你懂得充分放權，把下屬放在適合的崗位上，鼓勵他們自主地發揮才能，激發出他們的智慧，使自己從日常瑣碎的事務中解放出來，自然有更多的時間和精力把握大局，這種貌似「無爲」的狀態，其實是更加「有爲」。

管理心得

胸懷決定事業的高度，這句話對管理者來說是最為恰當不過的。因為管理是一個充分借力的過程，只有包容人才、接納人才，懂得放權給人才，才能充分調動他們的積極性，借助他們的聰明才智，為企業發展出一份力。

Point

言行舉止都要有表率作用

英國有一句很有名的諺語：「好人的榜樣是看得見的哲理。」榜樣是一個學習的典範，可以影響一群人。身爲企業管理者，如果不能成爲部下的好榜樣，而是帶頭違反規定，上行下效，那麼就會帶壞整個團隊。

如果管理者言行舉止都能對下屬起到表率作用，那麼無疑會激勵下屬們更加努力進取。在這一點上，第二次世界大戰時，英國元帥蒙哥馬利就做得很好。每次大戰之前，他都會到前線去慰問士兵，鼓舞他們的士氣。所以，他指揮的軍隊能夠在北非戰場所向披靡，將敵軍打得落荒而逃。

在企業管理中，如果管理者有意識地在言行舉止方面爲下屬做表率，比如，說話客觀公正、言之有物、發人深省，舉止得體、溫文爾雅、充滿個人魅力，那麼對下屬肯定產生積極的影響。

要知道，管理者的威信是由自己的言行豎立起來的。如果你和下屬談話，談了幾個小時，卻沒有說出一句有實際意義的話，那麼這場交談是毫無意義的。而對下屬而言，你的形象也將大打折扣，因爲下屬會認爲你是一個「滿嘴跑火車」的人。

如果管理者沒有主見，經常被人左右，那麼他也難以得到下屬的尊重與服從。比如，在商談某個問題時，管理者沒有主見，總是反反覆覆地找人商量，可是商量容易決策難，到最後還是沒有結果，試問，這樣的管理者怎麼能得到員工的服從和敬佩呢？

所以，管理者必須時刻注意維護自己的威信。在與下屬交談時，應做到話題明確、兼收並蓄、取長補短、交流探討、求同存異。在大家意見不一致的情況下，不要急於反駁別人，不要急於下結論，而要以低調的姿態引導別人認同你的觀點，比如：「你的意見還是不錯的。但是如果換一個角度看會怎麼樣？例如……」「我的想法和你不同，我們可以交換一下意見嗎？」「嗯，讓我考慮一下，我們可以明天再談這個問題。」這樣的話，下屬就比較容易接受你。

管理心得

管理者的一言一行都會對下屬產生潛移默化的影響。因此，在與下屬相處過程中，在企業管理過程中，管理者要適當地運用口才，準確地表達決策和意圖，透徹地說明道理，使下屬對你心服口服。

Point

小公司老闆的形象不可輕忽

良好的形象是管理者成功的基礎，是管理者樹立威信的前提。管理者的形象，作爲企業形象的一個重要標誌，在很大程度上影響著企業的發展。管理者良好的形象可以向客戶傳達卓越的企業文化，可以提升客戶的信任度。管理者良好的形象可以向員工傳遞積極的影響力，使員工重視禮儀素養和職業形象。

香港著名的企業家李嘉誠，在總結五十多年的管理經驗時，說過這樣一段話：「如果你想成爲團隊的老闆，那麼這簡單得多，因爲你的權力來自於你的地位，這可來自上天的緣分或憑仗你的努力和專業知識；如果你想做團隊的領導，則較爲複雜，你的力量源自人格的魅力和號召力。」

從李嘉誠的話中，我們可以發現：企業老闆要想成爲領導者，就必須把自己具備的素質、品格、作風、工作方式等發揮在領導活動過程中，這樣才能更好地完成領導任務，展現領導能力。如果一個領導者沒有人格魅力，沒有良好的形象，那麼他的能力是難以得到完美體現的，即使他的權力再大，也無法帶領團隊走向成功。那麼，領導者怎樣樹立良好的形象呢？

(1)保持標誌性儀態

心理學家研究發現，一個人對他人的第一印象一半以上受對方的外在形象影響。作爲企業領導者，你的個人風格與你的職業密切相關，是你公司的象徵，因此，你有必要保持標誌性的儀態和風格。當別人看到你的這種風格時，他就很容易想到你的企業，這樣一來，你的形象就會成爲你企業的商標。

(2)輕鬆自如地運用肢體語言

人際交流專家、女性總裁組織的總裁瑪莎・費爾斯通博士曾說：「一個特定的資訊可以由多種非語言的行爲來傳遞。如果在一次特定的交流中，持續出現一種表達積極信號的非語言的行爲，那麼這次交流肯定向著積極的方向發展。」這種非語言的信號如果運用不好，在幾秒鐘之內就可以摧毀你的形象。例如，緊張時的坐立不安、得意時的手舞足蹈、交談時的東張西望等等，因此，管理者一定要注意從容地運用肢體語言。

(3)注意自己的面部表情

面部表情最能表達人的情緒，假如你整天愁眉苦臉，相信別人對你不會產生好印象。下屬看到你整天愁眉苦臉，很可能對你敬而遠之，生怕不小心惹惱你；客戶看到你愁眉苦臉，也很容易拒絕與你合作。因此，一定要展現出積極的面部表情，露出你的笑容，表現出你的淡定。這樣才有成功領導者的風範。

管理心得

身為企業領導者，一定要注意運用非權力影響力來感染你身邊的人，尤其是你的下屬。從你的形象上，如果下屬看到了積極樂觀，光明磊落，那麼下屬將會增進對你的好感，從而促使他們服從你的管理。

Point

自己做到才能要求別人

有人說，要想成爲一個成功的管理者，要花百分之五十以上的精力去爲員工做表率。試想一下，如果一個管理者每天上班不守時，怎麼要求下屬守時呢？一個上班常打私人電話、上網聊天的管理者，怎麼要求下屬集中精神、全力以赴地工作呢？一個背後說客戶壞話，吃公司回扣的管理者，怎麼要求下屬真誠對待客戶、忠於公司呢？

相反，如果管理者不論颳風下雨、雷打不動準時上班，那麼他的下屬還好意思遲到？如果管理者嚴於律己，上班時認真對待工作，那麼他的下屬還敢爲所欲爲？如果一個管理者對客戶畢恭畢敬、真誠地爲客戶服務，下屬如何敢傲慢滑頭呢？所以，如果你想要求下屬，請自己先做到，你做到了，下屬相應地都會自覺起來。

李嘉誠在管理中，非常重視給員工做榜樣。他經常對自己的員工說：「自己沒有做好，怎麼能要求別人做到呢？」雖然李嘉誠是董事會主席，但是他和普通員工一樣遵守公司的制度，從來不會輕易違反公司的規定。爲了節省時間，提高開會的效率，他要求高階主管開會要注意控制時間，最長不能超過四五分鐘。如果超過了規定的時間，一定要立即終止，如果有的事情沒有處理完，必須自行找時間處理。

制度剛出台時，很多人一時間適應不了，開會經常超時。有一次，李嘉誠和幾名董事開會忘了時間，當他們看錶時發現已經超過了一個小時。李嘉誠當即決定散會，幾位董事提醒李嘉誠事情非常緊急，希望破例處理完。但李嘉誠語重心長地說：「我們是公司的高層人員，如果我們做不到，怎麼樣求員工做到呢？公司上下有數千雙眼睛，都在盯著我們呢，我們一定要做出好榜樣。」

海爾的張瑞敏曾經說過：「管理者要是坐下，部下就躺下了。」這句話告訴我們，如果管理者不加強自我約束力，不做好表率，部下就會更加放鬆、放縱，這樣就無法管好企業。只有自己先做到，才能要求別人做到，用實際行動去影響員工，才能產生強大的感召力。

管理心得

偉大的思想家孔子曾經說過：「其身正，不令而行；其身不正，雖令不從。」作為現代企業的領導者，應該努力以身作則，給部下樹立良好的榜樣。否則，上樑不正下樑歪，很難把企業經營好。

Point

平易近人，幽默會讓你更有親和力

平易近人是人際關係的黏合劑，是人際交往過程中優秀的特質之一，可以很好地拉近人與人之間的距離，從而構建人與人之間友誼的橋樑。在企業中，對待員工時如果你不是高高在上而是平易近人，那麼會使你顯得更有親和力。如果你再表現出幽默感，那麼你將很容易贏得員工的好感。

張經理見一女下屬經常週一遲到，他想提醒她一下，於是問道：「李小姐，星期天晚上有空嗎？」女下屬笑著說：「當然有，先生！」張經理說：「那就請你早點睡覺，省得經常週一早上上班遲到。」女下屬笑著點了點頭，在一種輕鬆的氛圍中接受了上司的提醒。

還有一次，下屬小王因爲一個方案被否定了，衝動之下要和張經理決鬥。張經理笑著說：「決鬥我可不怕你，不過，我有個小小的要求，時間、地點及武器由我決定。」小王同意了。

張經理說：「時間就是現在，地點就在我的辦公室，武器用空氣。」

小王愣了一下，然後哈哈大笑起來，一場衝突就這樣輕易化解了。

在管理中，運用幽默不僅可以鬆弛上下級之間緊張的關係，還可以避免與下級發生衝突，即便產生了衝突，幽默也是最好的化解方法。上文的張經理就善於運用幽默，既能恰到好處地提醒下屬注意上班紀律，又可以及時撲滅下屬的怒火，使大家在一番歡笑中淡化矛盾。這就是管理者的高明之處。

管理心得

作為一名管理者，既要有平易近人的修養，又要善於運用幽默的智慧，因為平易近人會使你有好的人緣，用語幽默會使你更有親和力。這樣才能遊刃有餘地處理與下屬和同事的關係。

Point

感情用事不是好老闆的作風

在遇到不順的時候，有些管理者往往喜歡感情用事，憑個人的愛憎或一時的感情衝動來處理事情。殊不知，這樣做會使他們錯失解決問題的最佳時機，還會給人留下一個暴躁、不成熟的醜陋印象。

試想一下，作爲一名管理者，如果在遇到問題時，首先想到的是發洩憤怒、追究下屬的責任，甚至將下級罵得狗血噴頭，而不是儘快想辦法解決問題、彌補損失，那麼最後問題可能會越來越嚴重，還會給下屬留下無能的印象。因此，學會控制情緒，拒絕感情用事是好老闆應有的作風。

米德將軍是林肯的下屬，他曾因爲拖拖拉拉、不服從林肯的命令而貽誤戰機，錯失了一舉殲滅敵對勢力李將軍的大好機會。林肯得知此事後，氣得渾身發抖，他大聲吼道：「上帝呀！這是爲什麼？他們已經在我們的手邊了，只要一伸手，他們就成爲我們的了；可是我的言語和行動就沒能使我的部隊動一動，在這種情況下，幾乎任何一位將軍也能把李將軍打敗。如果我去那裏，我將親手給米德一個耳光。」

在這種暴怒情緒的支配下，林肯依然能夠控制自己冷靜下來，然後給米德寫了一封信：「我親愛的將軍，我相信你並不瞭解李將軍逃跑所造成的後果將是多麼的嚴重。他已經落到了我們手裏，如果殲滅他，就會立即結束戰爭，可是如果不這樣，戰爭將無限期地拖延下去，你當時怎麼會在南岸那麼做呢？要說你現在還能再做出更多的成就，那是不可想像的，而且我現在也根本沒這個指望。你的黃金時間一去不復返了，而我也因此感到無比遺憾。」

然而，就是這樣一封信，文字中沒有半點批評的話語，而且一直未被林肯寄出去。多年以後，林肯去世了，人們才在他的文件夾裏發現了這封信，它一直保存得很好。

毫無疑問，林肯是一位理智的領導者。事實上，如果林肯臭罵米德將軍一頓，也許只能激起米德的極力辯解，對解決問題沒有任何好處。聰明的他肯定意識到了這一點，所以才選擇寫信來發洩不滿情緒，表達內心的失望。

在企業管理中，管理者不妨向林肯學習，當公司出現問題時，試著克制自己的不良情緒，然後通過積極的思考來轉移壞情緒，以免暴怒之下惡語傷人，有失管理者的領導風範。

管理心得

出了問題之後，首先應該著手解決問題，待問題解決之後，再去追究下屬的失職之責也為時不晚。同時，記得追究自己的責任，因為下屬工作不力，導致出現問題，作為管理者，你也有不可推卸的責任。這樣才能讓下屬更加信服。

Point

不要陷入偏見的泥潭

下面是一位管理者講述的故事：

幾年前，我們單位來了一位女員工，由於她穿著過於時髦，讓我感覺很不舒服。於是，我對她產生了偏見，認爲她只是一個華而不實的女人，是一個花瓶，不會有什麼真本事，因此，在工作中，我總是把重要的任務分配給其他人，從不讓她參與進來。

一段時間後，這位女員工大概看出了我對她的偏見，於是選擇了辭職，去了同行的另一家企業。然而，讓我沒有想到的是，一年後，她竟然在那家公司幹得風生水起，工作業績特別突出，還寫了多篇國家級重要論文，在重要的期刊上發表，深得領導的賞識和器重。

由於我的偏見，導致一個優秀人才白白流失，這件事讓我感到十分後悔。從那以後，我明白了不能帶著偏見看人，每當我對一個人有偏見時，我就會提醒自己：不要用膚淺的眼光看人，多去瞭解他，才能知道他的實力。

生活中，我們經常帶著偏見看人。當我們看到一個人臉上有塊刀疤時，就想當然地認爲他不是一個好人，趕緊避而遠之；當我們看到別人來自農村時，就想當然地認爲他沒有修養，於是看不起他、小瞧他；當我們看到員工在某方面有缺陷時，就錯誤地認爲他另外一些方面也不行……

其實，並不是別人真的不行，而是我們帶著有色眼鏡看人。作爲一名管理者，一旦陷入了偏見的泥潭，後果是非常可怕的，就像上文那位管理者，只因他的偏見，逼走了一位優秀的人才，這對企業而言是巨大的損失。

古人云：「水至清則無魚，人至察則無徒。」很多時候，偏見會令管理者陷入痛苦、煩惱的泥潭，失去客觀看人、理智用人的智慧。因此，放下偏見，對員工多一點包容、多一點接納吧，只有這樣才能贏得人心，才能得到人才的支援。

管理心得

沒有偏見，才能包容一切。當你對一個人持有偏見時，你就難以做到公平與公正地對待他。當你對一群人持有偏見時，就會影響整個團隊的友愛與團結。因此，放下偏見，才是企業管理者應有的素養。

Point

許諾別人，一定要恪守信用

日本「經營之神」松下幸之助說過：「想要使下屬相信自己，並非一朝一夕所能做到的。你必須經過一段漫長的時間，兌現所承諾的每一件事，誠心誠意地做事，讓人無可挑剔，才能慢慢地培養出信用。」因此，當你許諾別人之後，一定要恪守信用，這是你贏得別人信任的最好辦法。如果你輕易許諾，卻不去兌現，那麼只會失信於人。

有一位小公司的老闆許諾下屬：「下個月，我給你每月二百元的住房補貼。」到了下個月發工資時，下屬見老闆並未給他二百元的補貼，於是忍不住提醒老闆。未曾想到，老闆支支吾吾地說：「這個月已經給你加了一百元的工資，就不給你住房補貼了，下個月再給你。」下屬一臉不悅，雖然他沒再說什麼，但從此以後，他不再信任老闆。半個月之後，這位下屬提出了辭職，理由是：跟著一個不守信的老闆，永遠不可能有前途。

不要懷著無所謂的心態敷衍下屬，要知道，下屬通常會隨時注意你的一言一行，尤其是當你許諾之後如果沒有兌現，下屬認爲「我被騙了」，那麼他對你所產生的憤怒是無法估量的。此時，如果你能彌補過失，應該儘快彌補。以上文爲例，馬上兌現二百元的住房補貼。如果確實無法兌現，不妨誠心誠意地向下屬道歉。

無論有沒有第三者在場，作爲公司的管理者，當你與員工談話時，千萬不能輕易許諾。如果你把許諾當成家常便飯，把違背諾言也當成家常便飯，那麼下屬會認爲你說話不負責任，毫無誠信可言，以後他不可能再相信你，你下達的命令他可能也不會認真對待，你對他所採取的激勵，也不會產生效果。所以，如果你想給下屬留下誠信的形象，請記住：許諾之後，一定要恪守信用。

管理心得

你想擁有駕馭下屬的卓越能力嗎？那就必須做到一言既出、駟馬難追。記住幾點忠告：不要向下屬承諾你辦不到的事情；不要向下屬承諾尚未決定的事情；不要做出自己無力貫徹的決定，不要發佈下屬無法執行的命令。

Point 當家人就是要敢於承擔責任

世界上有兩種管理者，一種管理者在努力辯解，推卸責任；一種管理者在不停地表現，敢於擔當。毫無疑問，真正優秀的管理者應該儘量地表現，少去辯解，要敢於負起責任。當出現問題時，首先去反省是不是自己的原因？當準備推卸責任時，想一想自己是否也應該承擔責任？

美國著名管理顧問史蒂文．布朗曾經說過：「管理者如果想發揮管理效能，必須得勇於承擔責任。」美國總統杜魯門就是這麼做的，他在自己的辦公室門口掛了一個醒目的牌子，上面寫著：「Buckets stop here。」意思是問題到此爲止，不會再把問題傳給別人。其實，每一位管理者都應該把這句話當成自己的座右銘。

在很多情況下，管理者應本著對工作和下屬負責的態度，敢於負起責任，敢於面對問題，把過失攬到自己身上，這不僅不會影響你的威嚴，還能使你更加容易贏得下屬的信任。下屬會覺得，追隨你有一種安全感，大家會團結在你的領導下，形成強大的凝聚力和戰鬥力。

管理心得

敢於承擔責任，能體現一個管理者的氣度和修養，也容易贏得下屬們的尊重和信任。敢於承擔責任，還能為下屬樹立榜樣，起到表率作用，營造積極負責、敢於擔當的企業氛圍，使整個團隊在積極的影響下成長。

Point

不要隨便顯露你的情緒

總是把情緒寫在臉上，會使人輕易把你的內心看透，把你的想法看穿，有損你的形象，不利於樹立你的威嚴。作爲一名管理者，應該學會控制自己的情緒，做到凡事泰然處之。這樣才能彰顯沉穩的氣度，讓下屬從你的臉上看到信心和希望。

三國時期的諸葛亮有個老婆黃氏，此女髮黃面黑，長得非常難看，但是諸葛亮欣賞她的才華和品德。自從諸葛亮娶了這個賢內助之後，他就受益匪淺，後來掛印封侯，成就偉業，也有這個賢內助的功勞。

傳說諸葛亮手裏的鵝毛扇就是黃氏送給他的禮物，這把扇子上畫著八陣圖，黃氏讓諸葛亮隨身攜帶，有三個目的：一是不忘夫妻恩愛，二是對行軍作戰大有裨益，三是告誡他息怒。因此，諸葛亮輔佐劉備時，才會經常搖著扇子，一副運籌帷幄、決勝千里的姿態。

黃氏爲什麼要送諸葛亮鵝毛扇呢？因爲她發現諸葛亮暢談天下大事、說到胸中大志時，就器宇軒昂；談到劉備先生想請他出山時，就眉飛色舞；一講到曹操，就眉頭深鎖；一提到孫權，就憂戚於心。黃氏說：「大丈夫做事情一定要沉得住氣，我送你這把扇子就是給你用來遮面，擋你的臉的。」

每當諸葛亮拿起鵝毛扇一搖，他就想起了妻子的叮囑，於是頭腦很快就冷靜下來。所以，我們才能看到諸葛亮泰然處之、鎮定自若的神態。

身爲企業的管理者，不要隨便顯露你的情緒，對你管理企業、領導下屬是非常有必要的。因爲管理者的情緒對下屬有強大的影響力，當管理者情緒激昂時，會給下屬帶來激情；當管理者的情緒失落、沮喪、憤怒時，會帶給下屬恐慌和不安。下屬在管理者手下做事，希望有一個安定的環境，而不希望經常處於動盪不安的氣氛中，在平和的氛圍中，他們才能按部就班地把工作做好。爲此，管理者必須做到這樣幾點：

(1)不要把喜怒哀樂掛在臉上。
(2)不要逢人就訴說你的困難和遭遇。
(3)在徵詢下屬意見之前，請先思考，但不要講出來。
(4)不要一有機會就在下屬面前嘮叨你的不滿。
(5)重要的決定儘量和別人商量，最好隔一天再發佈。
(6)講話做事時，不要有任何慌張的神色，走路也是。

管理心得

不隨便顯露情緒，是一種成熟，是一種城府，是一種管理的智慧。作為一名管理者，保持情緒穩定，才能營造穩定的團隊氛圍。因為管理者的情緒就是團隊成員情緒的源頭，源頭輕浮不定，員工也會心神不寧。

Point 情緒不穩定，則管理不穩定

有一個故事對管理者有很大的啓示意義：

三國時期，孫權派呂蒙奪取荊州，關羽戰敗，還被吳軍殺害。關羽死後，孫權把關羽的人頭獻給曹操，想嫁禍曹操，但曹操識破了孫權的詭計，於是將計就計，以重禮安葬關羽。蜀人得知此事，都對孫權恨之入骨。尤其是劉備，他一怒之下，率水陸兩軍數萬人馬遠征吳國，雖然諸葛亮和上將趙雲苦苦相勸，但他根本不聽。

劉備率軍深入吳境數百里，吳軍主將陸遜採取固守不出的策略，不與劉備軍隊正面交鋒。就這樣，蜀軍與吳軍一直對峙了四個月，吳軍沒有後退半步，蜀軍也沒有前進半步。當時正值炎炎夏日，烈日當空，蜀軍水兵在船上酷熱難耐，只好上岸在夷陵一帶紮營，以躲避酷暑。

陸遜見劉備的軍營綿延百里，而且都在茂密的樹林裏，於是採取了火攻破蜀的策略。結果一把火燒掉了蜀軍的大營，蜀軍在毫無防備的狀態下亂作一團，幾十座軍營全被燒毀，然後陸遜率軍乘機掩殺，蜀兵死傷無數。劉備在眾將的殊死奮戰下，才逃出來。經此一戰，蜀軍元氣大傷，劉備不久之後在絕望中病死了。

劉備之所以慘敗於吳軍，原因就在於他在衝動之下做出了錯誤的決定。因爲人在情緒不穩定、衝動的時候，很難做到理智地思考問題，制定成熟的戰略部署。同樣，作爲一名管理者，如果你不懂得保持穩定的情緒，經常在衝動的時候做決定，那麼你也會把團隊帶入困境的泥潭。

管理者的情緒不穩定，管理也會不穩定，整個企業也會陷入動盪和危機之中。因此，管理者要明確情緒在工作中的利害，並把個人情緒儘量和工作事務分離開來。在決策時，切記要保持穩定的情緒，保持平穩的心理狀態。

管理心得

管理者要及時控制和消除不良情緒對自己的影響，讓自己保持平穩的情緒。在做決策時，不要帶著負面情緒；與下屬交流時，不要帶著衝動情緒。這樣才能做出好的決策，才能維持企業的穩定發展。

Point

守靜致遠，不輕率決策

每個人在生活中，難免都會做出這樣或那樣輕率的決定或行動，但是作爲一個擁有決策權的管理者，如果任憑心情、經驗想當然地拍板定案、蓋棺定論，輕率地做出決定，往往會產生意想不到的嚴重後果。

一九三九年，德國物理學家哈恩率先發現了原子核裂變現象，並預見到利用裂變中的中子鏈式反應原理，可能會製造出殺傷力極大的武器。

不久之後，第二次世界大戰爆發，德國、美國的科學家都開始思考利用這一原理製造原子彈，他們紛紛向各自國家的最高當局彙報這一想法。但是德國的最高統帥希特勒和美國總統羅斯福對這一彙報，做出的決定截然不同。

希特勒在二戰開始階段，採用「閃電戰」戰術取得了不少勝利，他特別醉心於這種戰術，當德軍參謀人員把製造原子彈的方案告訴他時，他問：「這個玩意兒能否在六個星期之內研製成功？」得到的回答當然是否定的。於是，希特勒輕率地做出決定：「凡是六個星期之內無法研製成功的武器，一律不准研製。」

美國總統羅斯福是怎樣的態度呢？一開始他也懷疑原子彈的功效。但是後來在愛因斯坦等著名科學家的勸說下，他才意識到原子彈的威力，於是督促研究人員儘快研製，並由此推進了研製原子彈的「曼哈頓計畫」，這也使美國率先掌握了核武器。

從這個案例中，我們可以看出：輕率地做決定是不明智的，因爲輕率的決定往往不周全、不理智，甚至是片面的、魯莽的、幼稚可笑的。

這就好像一個未婚的男士對一個女孩說：「我對你一見鍾情，你嫁給我好嗎？明天就結婚。」而女孩見男士看起來不錯，於是輕率地答應了。如此重大的事情，女孩卻那麼輕易地做決定，也許她會痛苦一輩子。同樣，管理者如果輕率地做決定，企業也可能「痛苦」一輩子，甚至直接滅亡。

管理心得

輕率的、不加思考的決定是沒有遠見、不成熟的，不但會讓自己碰破腦殼，而且還會讓下屬們也跟著碰破腦殼。優秀的管理者不應該拍腦袋做決定，而要全面思考、分析利弊，做出更科學、合理的決策，這樣企業的發展才有保證。

Point

處變不驚，體現出大將風度

一個優秀的管理者，一定要有處變不驚的修養，否則難堪大任。可以假設一種場景，公司經營突然出現危機，產品品質問題被曝光，管理者一聽當場急得慌亂起來。下屬們看在眼裏，會作何感想呢？

下屬們肯定會想：大事不好了，公司要完蛋了，還是趕緊撤吧！管理者應該成爲下屬的「定心丸」，要發揮安撫人心的作用。越是在危機面前，越要處變不驚，這樣的管理者才能體現出大將風範。

戰國時代，秦國獨強，各國都懼怕秦國，經常割城池給秦國。有一次，趙國得到一塊和氏璧，相傳價值連城，秦王得知這一消息後，就打起了和氏璧的主意。秦王派使者前往趙國，表明願意用一五座城池換和氏璧。

趙王心想：秦王一向只想佔便宜，從來不肯吃虧。這一次這麼大方，肯定有問題。如果不答應秦王的要求，又擔心秦王發兵。答應吧，又怕上當。趙王思來想去，不知道怎麼辦，就和大臣們商量，但大臣們也想不出好辦法。

後來藺相如自告奮勇地帶著和氏璧前往秦國面見秦王，秦王看到和氏璧後，愛不釋手，東撫西摸，大有占爲己有的邪念。藺相如察顏觀色，深知秦王的小心思，於是謊稱和氏璧有瑕疵，讓他給秦王指出來。然而，當他把和氏璧拿到手裏之後，馬上做出要摔碎的姿勢，說：「秦王，如果你不講道理，想霸佔和氏璧，我藺某就血濺七尺，連璧玉一起摔碎。那時候，玉碎了，大王的信用也碎了，人人都會指責您的不是。」

秦王訕訕地笑了笑，最終被藺相如的處變不驚折服。

處變不驚是一種超強應變力的表現，即當事物發展的偶然性表現在面前時善於靈活地處理的能力。作爲一名管理者，縱然判斷力和預見性再強，也不可能完全預見事物的發展，因此，突發事件是難免的。這就要求管理者必須具備處變不驚、臨危不懼的應變能力，最大限度地將偶然因素變成實現目標的有利因素。

管理心得

作為一個管理者，應該達到「心有驚雷而面如平湖」的境界，無論遇到什麼問題，都要保持鎮定自若的狀態，這樣才能從容理智地做出應變策略，最後贏得勝利。

Point 優柔寡斷是做領導的大忌

市場行情瞬息萬變，決策時稍有猶豫和拖延，就會降低決策的效率，還可能直接錯失機遇。因此，領導者在決策時一定要堅定果斷，絕不能顧慮重重，畏縮不前。看看那些成功的企業家，他們都稱得上是英明的決策者。

二十世紀五〇年代中期，歐美市場上塑膠花逐漸受人歡迎，很多人都喜歡在家裏裝飾塑膠花。李嘉誠發現這一行情後，意識到了其中必有商機，於是他當機立斷，丟下其他生意，全力投資生產塑膠花，由此佔據了市場，賺得了滾滾財源，他的塑膠花工廠一舉成爲世界上最大的塑膠花工廠，他也被譽爲「塑膠花大王」。

六〇年代後期，李嘉誠預測到塑膠花市場將會由盛轉衰，於是他立即做出退出塑膠花行業的決定，避開了一場塑膠花行業危機。二十世紀六〇年代末，李嘉誠看到香港經濟開始起飛，地價狂飆不止，李嘉誠認識到地產業充滿無限商機。於是他迅速購置大量土地，從事房地產開發行業，爲此他又大賺一筆。

李嘉誠的成功與其果斷決策有著密不可分的關係，在決策時他反應敏銳，處事果斷，懂得該進則進、該退則退。所以，他才能在香港、亞洲以及世界領域獲得舉足輕重的地位。

眾所周知，在戰場上只有果斷把握戰機，才能把戰爭的主動權和勝利的主動權牢牢掌握在手裏。其實，商戰也需要把握商機，而優柔寡斷是最大的忌諱。如果你不想讓機遇白白流失，不想讓成功擦肩而過，就要培養敢於決斷的素質和魄力。只有這樣，你才能成為優秀的管理者。

管理心得

在決策時，經過一些慎重的利弊分析和權衡之後，行就行，不行就拉倒，絕不要陷入模棱兩可、猶豫彷徨中。決定了就不要懷疑自己，而要立即行動起來。只有這樣你才能避開優柔寡斷的折磨，把轉瞬即逝的機會牢牢把握在手裏。

Point

既要能力非凡又要謙恭待人

很多人有了一定的能力、職位、權力之後，往往因為高傲、愛面子、怕被瞧不起等原因，變得傲氣十足，無法做到謙恭待人。事實上，別人不會因為你謙恭待人而小瞧你，相反，大家會認為你充滿親和力，會對你產生好感和認可。

作為一名企業管理者，既要有過人的能力，也不能缺少謙恭的待人處事態度。這樣會讓下屬覺得你更加具有人格魅力、親和力。遺憾的是，在很多企業中，具備謙恭態度的管理者並不多見。也許在企業創業初期或陷入困境時，管理者能夠謙恭待人，和下屬打成一片，把下屬當成兄弟一樣對待，但是當企業處於穩步發展和上升期時，管理者往往會得意忘形，變得居功自傲、高高在上。這就是人性的弱點使然，這往往是管理者鑄下大錯或失敗的重要原因。這一點在三國時期的劉備身上表現最爲典型。

在基業初創時，劉備拜徐庶爲師、三顧茅廬請諸葛亮出山、泣淚留趙雲、三躬謝法正……之後劉備得到了西川，實現了與曹操、孫權三足鼎立。在稱帝之前，劉備是非常謙恭的，這也使得他獲得了很多人才的輔佐，也做出了很多英明的決策，由此才建立了西蜀的霸業。

然而，自從劉備當上了皇帝，他的謙恭之心就慢慢消退了，在治國與軍事戰略上逐漸變得獨斷專行，最終在失去關羽之後，一意孤行地遠征東吳。面對諸葛亮、趙雲等幾乎所有大臣的勸諫，他置若罔聞，結果兵敗白帝城，羞憤而亡，多年苦心經營的蜀國也逐步走向了衰落。

看完劉備的故事，再反觀一些謙恭的帝王，比如周文王，爲請姜子牙出山，他讓姜子牙坐輦，自己拉車。後來在姜子牙的輔佐下，打下了維繫八百多年的大周江山。周文王退位後，周武王繼承了這種謙恭的態度，最終擊敗了商紂，建立了大周王朝。儘管這個典故有演義的成分，但是周朝從周文王開始，就形成了謙恭待人、禮賢下士的良好作風，這是不爭的事實，這也是爲什麼周朝可以長存八百多年的重要原因。

在當今的企業管理中，如果管理者懂得謙恭待人，不僅可以贏得大家發自內心的贊同，還可以獲得更多的建議、思想和智慧，從而使管理者更好地制定決策。

曾幾何時，ＩＢＭ是一個盛行官僚作風的公司，管理者聽不到下面的聲音，聽到了下面的聲音也置之不理。因此，制定的決策頻繁失誤，逐漸使企業陷入虧損狀態。後來，郭士納擔任總裁，由於他是ＩＴ行業的門外漢，於是他採取謙恭的態度，不斷向各部門徵求和瞭解大家的意見、建議，虛心地向庫管人員求教。漸漸地，他改變了員工對管理者的不信任態度，逐漸贏得了員工們的擁護和信任。最後，謙恭的態度如春風般吹襲了整個ＩＢＭ管理層，吹散了ＩＢＭ沉積多年的傲慢官僚作風。

從ＩＢＭ的案例中，我們可以發現一個管理者擁有謙恭的態度，對企業的發展有多麼重要的意義。相比於管理者的能力，也許謙恭的態度更爲重要，郭士納對ＩＴ行業不懂，但卻能管理好ＩＢＭ，這就是最好的說明。

管理心得

謙恭不是一種表面姿態，而是一個人內在品德和修養的高度表現。虛心學習下屬的長處，謙恭地對待下屬，敏而好學，不恥下問，虛懷若谷，這應該成為每一個管理者的座右銘。

Point 無論下屬怎樣議論你，都要保持平常心

管理者是公司的焦點，一言一行都會受到眾人的關注，言行稍有不當就可能引起下屬的背後議論。

事實上，下屬背後議論你並沒有什麼大不了的，關鍵在於你要從下屬的議論中認清自己是否存在失當行爲，有則改之，無則加勉。這才是一個明智的管理者應該去做的。

每個管理者都希望得到下屬的一致認可，無論是表面上的認可，還是私下議論時流露出的欣賞和讚揚。當他們發現自己並沒有被下屬欣賞和讚揚，而是被下屬背後議論時，很多管理者往往會火冒三丈，認爲下屬人品有問題，背後議論人，是小人的姿態。於是，他們很可能會批評指責下屬，利用自己的權力處罰下屬。

殊不知，這樣做只會適得其反，因爲批評、指責、處罰只會帶給下屬怨恨，使下屬更加不信任、不信服管理者。

其實，下屬的議論並非全是惡意，也許他們只是隨口一說，略帶一些主觀色彩。作爲管理者，沒必要太當真，懷著一顆平常的心去對待才是理智的。

具體來說，管理者可以參考下面幾點來應對下屬的議論：

(1)**冷靜地思考，深入地剖析，深刻地反省自己**。管理者要善於從下屬的議論中查找自己的原因，比如，思考管理方式是否得人心、言語是否有失當之處、處事方式是否有不妥等等。如果發現自己確實存在問題，管理者要虛心接受批評，並提醒自己改正缺點。

(2)**在聽完下屬的議論之後，嘗試著多去瞭解員工的想法**。管理者應該明白，下屬對你的議論也許只是他內心想法的一小部分，也許他們還有很多對你的看法沒有表達出來。因此，你不妨主動走近下屬，與他們談談心、多交流，詳細掌握下屬背後議論你的背景、內容、根源。這樣有利於你從根本上消除下屬對你的不滿，還有利於表現你的平易近人，融洽上下級關係。

管理心得

無論下屬怎樣議論你，都要保持平常心，試著去瞭解下屬議論你的原因，反思自身存在的問題。對於下屬無端的、過激的、侮辱性的議論，你可以私下警告下屬，讓他有話直接和你說，而不要在背後添油加醋地議論。

Point

有感召力才能有號召力

在企業管理中，領導者個人威望的樹立，不僅與其道德品質有密切的聯繫，還與其能力素質直接相關。有些管理者綜合素養、道德品質較好，但是能力素質較差，這樣「無能的好人」也是難以樹立良好威望的。如果一個領導既有過人的能力，又懂得低調謙遜，還有寬大的胸懷，那麼他無疑會產生強大的感召力和影響力。當他們帶領下屬時，往往能產生一呼百應的號召力。

有一天，一個男孩問迪士尼的創辦人沃爾特．迪士尼：「你畫米老鼠嗎？」

「不，不是我。」沃爾特說。

「那些笑話和點子是由你負責的嗎？」

「沒有，我不做這些。」沃爾特說。

最後，男孩追問：「迪士尼先生，你到底都做些什麼呀？」

沃爾特說：「有時我把自己當做一隻小蜜蜂，從片廠一角飛到另一角，搜集花粉，給每個人打打氣，我猜，這就是我的工作。」

面對男孩的提問，沃爾特的回答充滿了童趣。在這童趣般的回答中，充分彰顯了一位領導人物的低調形象，也說明了領導的感召力對企業發展的重要作用。

英代爾公司的創始人之一安迪．格魯夫曾經說過：「領導者，最重要的職責就是時刻要發揮自我的人格魅力，去正面地影響每一個人的工作，甚至終生，而不是死板地去管理他們。」成功的領導者往往充滿親和力和感召力，他們經常深入員工之中，關心員工的生活冷暖，平等地對待他們。

什麼是感召力？確切地說，它是一種內在的東西，是指領導者通過自身的內在與外在素質的培養與修煉，形成一種很強的吸引力。感召力不是孤立存在的，它與前瞻力、影響力、決斷力和控制力等緊密聯繫在一起。當一個領導者擁有強大的感召力時，他才能一呼百應，吸引更多的人追隨他。

一般來說，一個領導者的感召力通常來自於這樣幾個方面：一是遠大的理想或願景、堅定的信念、對未來的夢想；二是要有遠見，能夠看清組織未來的發展方向和路徑；三是要有人格魅力，具備外向、可靠、隨和、情緒穩定、自信等特質；四是要有高智商，能力卓著，經歷非凡；五是要充滿激情，願意和希望迎接挑戰，能夠帶領被領導者實現高遠的目標。

管理心得

優秀的領導者重在感情上激勵員工，為員工考慮，幫助員工成長，通過這些表現贏得員工的敬重，從而在員工心目中樹立權威、核心的領導地位。如此一來，他們就具備了相當的感召力，從而對員工充滿號召力。

Point

在言行舉止中透露精明強幹

有些管理者給下屬的印象是說話擲地有聲、做事雷厲風行，顯得十分精明強幹。精明強幹是管理者重要的內在氣質之一，無論是說話辦事，還是制定決策，管理者都應該做到乾脆俐落、絕不拖泥帶水、朝令夕改。這是一個優秀管理者能力、魄力的最直接體現，對提升管理者的外在形象非常有利。

對於這樣的管理者，下屬往往會產生欽佩之情，因爲跟著他們幹事，能感受到一種高昂的鬥志、激情和力量。你想成爲這種精明強幹的管理者嗎？其實，這並非難事，只要你借鑒下面的建議，並經常訓練，你會慢慢向精明強幹的形象靠近。

在對下屬演講、做報告時，要表現得果斷威嚴，充滿震懾力。不管在哪種情況下，他們講話一是一、二是二，絕對不要含糊不清。在做決定時，要麼不要透露自己的想法，要麼鮮明地表達立場和決策，這個時候最忌諱的是優柔寡斷，因爲那表明你心中無底或內心恐懼。

在關鍵時刻，要挺身而出，做一個英明的決斷。這樣才能增加你的感召力和影響力。倘若你平時派頭十足，到了關鍵時刻卻縮手縮腳，這個反差只會讓你成爲大家眼中的笑柄。當然，僅僅是果斷決策是不夠的，因爲這不足以打造出你精明強幹的氣質，你還需在工作的一點一滴中包裝自己。

與下屬交談時，即使下屬處於主動，你處於被動，你也不用擔心被對方左右。當下屬的意見與你相左，但你認爲下屬的意見對公司有利時，也不用急著表態，你可以從容地說：「讓我思考一下。」這樣一方面有時間從容思考和取捨，避免草率定案，另一方面也能增加你的權威形象。

在開始講話之前，試著整理一下思路，先說什麼，後說什麼，應該有一定的計畫；在會議的最後，抓住機會做總結性的發言，可以讓下屬覺得你具有深厚的功底；在發言中，使用極其明確的數字，可以讓下屬覺得你思維周密；在探討專業話題時，使用通俗易懂的語言，會使下屬對你產生好感。在等待約見的人時，手裏拿著記事簿翻一番，可以讓人覺得你懂得充分利用時間；在接納物品時，可以放慢一下動作，這樣可以讓人覺得你是個從容不迫的「人物」；在重要宴會等場合，與重要人物相鄰而坐，可以讓下屬覺得你能力不凡。

管理心得

為了在言談舉止中透露出精明強幹，管理者一定要表現出自然的神態、從容的姿態，萬不可流露出做作之態，否則，會適得其反。俗話說，習慣成自然，你經常提醒自己去透露精明強幹，時間久了，你精明強幹的氣質就會印刻在你的骨子裏。

Point

以說服力塑造影響力

說服是一種高超的語言技巧，如果沒有良好的語言功底，沒有出色的口頭表達能力，說服是難以奏效的。在傳統的管理方式中，管理者通常喜歡用命令的形式要求下屬合作，在命令之下，下屬無法心甘情願地與管理者實現合作。因爲命令是以單方面的力量來推動的，是用權力手段強迫他人去行動的，因此很容易招致反感甚至是反抗。在現代管理中，我們更多地強調運用非權力因素去影響員工，使員工自願服從，因此，管理者有必要充分運用說服的力量。

在一次激烈的戰鬥中，拿破崙派手下兩個屢建奇功的軍團擔任佈防任務。但是沒想到，這兩個軍團的士氣非常低落，結果被敵人打得潰不成軍，四處逃竄。拿破崙非常生氣，但是卻不言不語，他背著雙手審視著逃兵。

過了很久，他發令：「集合，全體士兵馬上集合。」士兵們一個個垂頭喪氣，內心惴惴不安，他們小心地觀察拿破崙的一舉一動。

只見拿破崙在隊伍面前踱步，步子越來越急促，皮鞋打在地面上的聲音越來越響，士兵們的心裏越來越緊張。

拿破崙終於開口了，他說：「你們不應該動搖信心，你們不應該隨便放棄自己的陣地，你們知道嗎？我們要流多少血才能把陣地奪回來？」突然，拿破崙命令道：「參謀長閣下，在這兩個軍團的旗下寫一句話：他們不再屬於法蘭西軍隊了。」

頓時，全場一片譁然，士兵們羞愧難當，甚至有人哭著請求道：「統帥，給我們一次機會吧！我們要立功贖罪，我們要雪恥啊！」

這時拿破崙非常高興，他振臂高呼：「對，這樣才是好士兵，這才是勇士，這才是戰無不勝的英雄。」此後，拿破崙帶領軍隊瘋狂反撲，而那兩個軍團表現得異常驍勇，多次重創敵軍，立下了赫赫戰功。

在這個案例中，拿破崙說的話並不多，但是句句都充滿說服的力量，很好地激發了士兵們的鬥志。這就是說服力展現的影響力。高明的說服可以改變他人的看法，繼而改變他人的行動。因此，管理者的說服力強弱直接關係到以影響力，而這種影響力與權力並沒有多大的關係。

管理心得

在說服下屬的時候，語氣要充滿自信，說服要簡明扼要，同時，還應抓住合適的場合，針對不同的對象，用適宜的言語進行說服。在說服時，切不可以勢壓人，以權壓人。

多思考，少說話

有人說，優秀的企業管理者的真正優點不在於制定高超的戰略，也不在於如何完美地執行戰略目標，而在於一種整合性思維準則——放棄那些「非此即彼」的選擇，利用思考、分析尋找一條更好、更有創意的解決方案。因此，管理者應該多思考、少說話，廣泛聽取下屬的意見，用「讓我仔細考慮一下」或「容我們研究、商量一下」來結束談話。這樣既不會讓下屬沾沾自喜，也不會讓你留給下屬一個輕率下結論、做決定的印象。

那麼，當管理者把更多的時間用來思考時，到底如何把握整個思考的過程？如何尋找一條更好、更有創意的解決方案呢？

第一步：抓住問題的重點

在做決策之前，要思考問題的重點在哪裏，這樣可以降低思考的複雜性。儘管抓住問題的重點並不容易，但你必須這麼去做。尤其是在問題沒有頭緒的時候，更應該找出關鍵問題，只有這樣才能最終整合出一個解決問題的方案。

第二步：分析因果關係

找出重點問題之後，要做的就是分析眾多顯著因素彼此間的關聯性。在分析因果關係時，思維傳統的人往往採取狹隘的觀點，採用最簡單的辦法，找出兩事物間直線的因果關係。然而，很多時候，事物之間並不存在直接的因果關係。因此，優秀的管理者懂得用開放性的思維，找出多個事務之間的間接因果關係。

例如，某公司發現A生產部門在過去的一個季度中績效考核不達標，部門領導想當然地認為是員工技能不足造成的，於是對A部門的所有員工進行技能培訓。但是培訓之後，發現該部門的業績照樣不佳。在這裏，這個部門的管理者就是想當然地認定因果關係，而不是深度思考，從多方面去思考事物之間的因果關係。

第三步：綜觀決策架構

在弄清了各個顯著因素之間的因果關係之後，管理者要做的是縱觀決策架構。這看似是一個簡單的問題，但是也要考慮很多小因素。

比如，你打算今晚去看電影，你要考慮看哪部電影？去哪個影院？幾點鐘看？自己去還是找同伴去？在架構的時候，要把所有的因素都裝在腦子裏，然後對不同的解決方案進行優劣對比，做出最佳的選擇。

管理心得

對管理者而言，多思考、少說話，是一種優秀的習慣。少說才能多聽，少說才能廣采博取，語驚四座，才能顯得沉穩、智慧、可靠。

Point 說話簡潔，才能語驚四座

把話說清楚才能準確地傳達工作內容，這是管理者必備的素質之一。有些管理者說話沒有重點，說了半天下屬也不明白他到底在說什麼。這種表達就等於在講廢話，而且話說得太多，顯得婆婆媽媽，還容易把原本明確的核心點覆蓋了，使聽者誤解說者的意圖。因此，身爲管理者，說話還是簡潔一點好，長話短說是贏得下屬的重要說話技巧。

貝托爾特．布萊希特是德國著名的詩人和戲劇家，他非常討厭那種冗長單調的會議。有一次，他被邀請去參加一個作家的聚會，還要致開幕詞。而他公務纏身，原本不想參加，便委婉地拒絕了。沒想到主辦人一再邀請，最後他無可奈何，只好答應。

聚會那天，布萊希特準時到會，並悄悄地坐在最後一排。主辦人見狀，把他邀請到主席台上就坐。聚會開始了，主辦人講了一通非常長、但是沒有實際內容的賀詞，講完之後，他請布萊希特致賀詞。

只見布萊希特站了起來，記者們趕緊掏出本子，端好相機，可是讓人失望的是，布萊希特只講了一句話：「我宣佈，聚會現在開始。」說完之後馬上落座。幾秒鐘之後，全場掌聲雷動。

爲什麼說話力求簡潔？爲什麼長話應該短說？因爲說話的重點是讓別人明白你的意圖。如果一句話能講明白，你何必費口舌講三句、五句呢？如果你說一遍聽眾就能聽懂，你何必說三遍、五遍呢？說話囉嗦不但浪費自己的時間和精力，還會令聽者反感。因此，聰明的管理者應該少說客套話，多說有實際內容的話。

一般說來，在單位內部會議或一些比較正式的場合，比如，商務談判、報告演講會等，沒有必要客套太多。如果一上來就抓住要點，一針見血，反倒很容易吸引聽眾，使大家迅速進入談話的主題，從而避免冗長、空洞的言論。

當然，說話簡潔要注意場合和對象。如果與不熟悉的人交往，一上來就直奔主題，勢必會讓人覺得唐突，效果肯定不好。

管理心得

說話簡潔，可以體現出管理者的幹練和魄力，尤其是商務談判、企業內部會議中，簡潔的話語才能顯得底氣十足，充滿力量，才能語驚四座。因此，管理者一定要改變喋喋不休、嘮嘮叨叨、沒重點的表達方式，以免招致他人的反感。

Point

可以沒有一切，但不能沒有卓越的品格

品格是領導者魅力的重中之重，所謂：「其身正，不令而行；其身不正，雖令不從。」可見，古人很早就意識到了卓越的品格所產生的影響力。要想成爲一個成功的領導者，可以沒有資金、沒有人脈、沒有機會，但是不能沒有卓越的品格。因爲當你擁有了卓越的品格，你自然會綻放出奪目的吸引力，你就像一個磁場，把資金、人脈、機會都吸引到身邊。

天才般的能力故然受人崇拜，但最能長久地贏得別人尊重的是你的品格。天才般的能力能帶來碩果，但優秀的品格才是高尚靈魂的結晶。從長遠來看，管理者的靈魂主宰著企業的命運、決定了企業的未來。因此，管理者要不斷修煉自己的品格。下面就從「修心」、「修身」和「修爲」三方面來介紹如何修煉管理者的品格：

(1) 修心

修心主要表現爲修「三氣」，分別是修煉正氣、修煉志氣、修煉底氣。一個有影響力的人，一定是有正氣的人，正氣表現爲做人有操守、做事講原則。在團隊中，管理者的職業操守和原則性就是團隊的「魂」，是所有團隊成員的道德底線和行爲標準。一旦團隊有了「魂」，團隊中的

每個人都可以正直誠實、光明磊落地做好本職工作，最大限度地發揮自己的能力。

志氣是指管理者要爲團隊樹立願景和使命，賦予整個組織核心價值觀。「道不同不相爲謀」體現的就是一種志氣，「燕雀安知鴻鵠之志」體現的也是一種志氣，「爲人類與社會的進步和發展做出貢獻」是企業所表現出的志氣。

底氣是什麼？

底氣源於強大的自信心，底氣有助於打造一支敢打敢拚的團隊，傳播積極向上的人生觀、價值觀。對管理者而言，基本功越扎實，底氣就越足。如果在專業技能上，管理者是員工的導師，也就是說「有兩把刷子」；如果下屬談不來的合同，管理者能談下來；如果下屬解決不了的問題，下屬能解決；那麼，這樣的管理者自然能贏得團隊成員的信服和敬重。

(2) **修身**

修身主要表現爲修煉影響力、溝通力、推動力。傑克．韋爾奇在通用公司時，曾提出四E管理者理論，其中，包括活力與激情、激勵別人的能力這兩項。這就是影響力的主要表現之一。在管理中，管理者要克服很多困難，需要與別人進行溝通、協作，這與管理者的溝通能力是分不開的。而推動力主要表現爲促進員工執行到位，管理者就是推動者，通過授權、訓練、監督來推動員工有效地執行，這是企業成敗的關鍵性問題。

(3) 修為

修爲主要包括修煉往上走的能力、往前走的能力、往中間走的能力。地產業領軍人物王石曾說過：「每個人都是一座山，世界上最難攀越的山其實是自已。努力向上，即便前進一小步也有新高度。」管理企業與爬山一樣，需要管理者帶領團隊不斷往上走、往前走。

在企業中，有些管理者遇到問題繞道走、碰到矛盾躲著走，看見難題低頭走，這同樣是「走」，但是這樣「走」下去，企業終將被淘汰。只有選擇往上走，往前走，企業才能向前發展。往前走是一種擔當，是不怕困難，迎難而上的勇氣。往中間走是傳播管理者的思想，激勵團隊成員，傳遞積極的能量。往中間走，不僅能使管理者的影響力越來越強，還能直接影響到有影響力的人。

管理心得

卓越的品格是管理者影響力的最大來源。身為管理者，可以沒有一切，但不能沒有卓越的品格，這樣才能激發出團隊成員的積極性、主動性和創造性，使大家感受到目標與事業的推動力，從而把個人的利益與企業的利益緊密結合起來並為之奮鬥。

Point 率先垂範，讓自己成為組織中的行為標杆

榜樣能給人巨大的力量，美國前副總統林伯特·H·韓弗理曾經說過：「我們不應該一個人前進，而要吸引別人跟我們一起前進。這個試驗人人都必須做。」對管理者而言，通過率先垂範，讓自己成爲組織中的行爲標杆，做到這一點非常重要。因爲這樣才能讓下屬堅定地追隨在你身後，推動企業走得更遠。

海軍上將麥克唐納在服役了四十二年後，通過率先垂範，使自己成爲組織中的行爲標杆。他在向一群高級將領談到領導問題時，表達了這樣一種看法：「設定路線，然後第一個帶頭走。假若你這樣做的話，你得計算你帶頭的距離——保持領先一步。」

管理者是下屬學習的榜樣，而不是被觀望的對象。面對一些重要任務時，如果管理者能一馬當先，引領下屬去行動，那麼團隊執行力將大增。在這個過程中，管理者的形象也會變得異常高大。

諾貝爾和平獎獲得者阿爾伯特·施韋澤曾經說過：「在工作中榜樣並不是什麼主要的事情，但那卻是唯一的事情。」企業偉大的目標並非靠一位領導者就能獨立完成，領導者必須充分調動全體成員的力量，使大家團結一心，共同努力。而調動大家積極性的最好辦法，就是用行動代替言語，率先垂範。

管理心得

刻意地塑造示範是必要的，因為這樣可以讓員工將注意力、精力和努力投注在你所期待的行動上，直到這些行動轉化成執行力，執行力帶來成果。

優秀的管理者正是通過奉獻熱忱及以身作則的實踐力來領導群雄的。

Point

做領導最重要的就是公正無私

儘管不同的管理者所接觸的工作、工作方式方法不同，但是有一點必須牢記：一定要樹立公正無私的形象。眾所周知，名聲對管理者的重要性，有了好名聲才能做到眾望所歸。因此，管理者若想得到下屬的支持和擁戴，必須在下屬面前樹立一個公正無私的印象。這樣才能增強你的影響力，提升你凝聚人心的能力。

首先，在用人方面要做到任人唯賢，而不是任人唯親。

企業要發展，靠的是正確用人，只有給有用之才提供發揮才華的機會，企業才有發展的希望。這就要求你在用人時以能力來爲標準，而不是以下屬與你的親疏爲標準。如果你見誰和你關係好，就把工作機會給他，而不考慮他的能力是否能夠勝任，那麼可能工作沒做好，你還會引起有才能員工的極大不滿。一旦你失信於人，那麼，你的領導形象就會大打折扣，你的號召力和影響力都會受到影響。

其次，在獎勵方面要做到論功行賞，而不是認親行賞。

優秀的管理者往往在獎勵員工方面做得相當完美，他們善於以功勞大小來獎勵下屬，從而充分調動下屬的積極性，形成人人爭上游的良好企業風氣，給企業帶來無限的生機和活力。愚蠢的管理者在獎勵員工時，往往做不到公正無私，由此忽視功勞者的感受，結果不但達不到激勵下屬的預期效果，反而會造成災難性的後果。比如，優秀的人才做出了相當大的貢獻，卻沒有得到應有的獎賞，工資、獎金沒有呈現正比例增長，他們可能一氣之下，憤然離去。而優秀的人才一旦離去，公司的前途命運就非常危險了。

在處理下屬之間的糾紛時，要做到一視同仁、客觀公正地對待。比如，兩位下屬因爲工作上的事務發生了糾紛，作爲管理者，你應該及時站出來進行調解。在調解中，應本著化解矛盾的目的，在尊重客觀事實的基礎上引導雙方朝著和解的方向努力。當然，對於有著明顯過錯的一方，應開誠佈公地指出錯誤，絕不姑息和遷就。

另外，在懲罰違反制度的下屬時，也應該做到公正無私。有些管理者考慮某個下屬與自己私交甚密，就放寬處理，殊不知這樣很容易引起其他下屬的不滿。

管理心得

在企業中，管理者不但充當率軍打仗的角色，還充當著分配利益、處理問題的角色。在賞罰方面、調解糾紛方面，管理者應本著公私分明的態度，公正無私地處理，只有這樣才能服眾，才能贏得人心。

Point 體諒別人是你應有的品德

在公司中，有些員工由於工作能力較差，執行不力，不時地給領導者添麻煩。對於這樣的員工，想必多數管理者會埋怨、批評甚至直接將其辭退，管理者可能會說：「只要能把他調走，我磕頭都願意。」然而，傑出的領導者會充滿包容，會先去體諒員工，給他機會，即使他們不給員工機會，也不會一棒子將員工打死，而是充分體諒員工的感受，做出有利於企業和員工的決定。

美國通用電氣公司曾面臨一項棘手的問題：如何處理查理斯·史坦恩梅茲，此人擔任某一部門的主管職務，在電器方面幾乎是個天才。在他擔任通用電氣公司電器部門的總管時，把公司治理得井然有序，使公司的銷售額不斷上升。之後，他被提拔爲公司的電腦部門的主管。

然而，查理斯·史坦恩梅茲在電腦部門並沒有取得公司管理層想要的結果。看著電腦部門糟糕的業績，通用電氣管理層心急如焚，但是他們不知道如何處理史坦恩梅茲，畢竟他曾經爲公司做出了巨大的貢獻，況且，公司也不能缺少這樣的人才。

最後，高層們通過商討，想到了一個絕妙的辦法：成立一個新的電器部門，讓查理斯·史坦恩梅茲擔任新部門的顧問總工程師，兼任部門的管理。對於這一調動，查理斯·史坦恩梅茲非常高興，愉快地接受了調動，並沒有覺得這種調動有損自己的面子。

從這個案例中，我們看到通用電氣公司的高層們對查理斯·史坦恩梅茲的體諒之情。他們充分認識到查理斯·史坦恩梅茲是個人才，但由於他在電腦部門表現不佳，不得不將其調離。但是怎樣才能不傷害查理斯·史坦恩梅茲的自尊呢？最後，通用電氣高層們想到了成立新部門的辦法。

管理心得

優秀的人才往往有較為強烈的自尊心，作為管理者，如果不考慮員工的自尊心，覺得人才對企業有價值時就重用他，見他幹不出成績時，就不加考慮地將其調離、撤職，那麼對人才的自尊心、積極性都會造成巨大的打擊。因此，管理者一定要避免這一點。

Point

平靜地面對冒犯你的人

在寬容待人時，最難得到寬容的人莫過於冒犯你的人。何爲冒犯？一般是指言語或行爲上的無禮、衝撞、讓人難堪。在管理中，管理者每天都要面對各種各樣的人和事，難免會碰到性格直率、脾氣火爆、說話唐突甚至在眾人面前公然衝撞、冒犯領導的下屬。

雖說下屬的冒犯並非原則性的問題，而是無關緊要的「小事」，但難免會影響管理者的形象，讓位高權重的管理者心裏不平。有些管理者被下屬冒犯後，往往會伺機報復，給下屬「穿小鞋」，而真正優秀的管理者，他們總能平靜地面對冒犯自己的下屬。

于禁是三國時期曹操手下的大將，他作戰勇猛，性格直爽，爲人坦蕩。西元一九七年，曹操被張繡打敗，在撤退的途中，曹操的嫡系青州兵不守軍紀，搶劫民財。于禁對這種現象非常氣憤，他抓住那些搶掠財物的青州兵，大呼：「你們身爲曹公麾下官兵，如此傷天害理，上違帥意，下逆民心，豈得奪天下？」然後斬掉了其中三名軍官首級。

沒想到，這些青州兵自恃是曹操的親兵，根本不把于禁放在眼裏，還到處散佈于禁要謀反的言論。于禁毫不理會那些言論，他直接衝到曹操的帳中，曹操見他來了，開門見山地說：「剛才有人說，你殺了我青州兵的軍官，真有此事？」

于禁坦然陳詞：「青州兵是您一手訓練的精兵，目的在於實現您的宏圖大業，軍紀嚴明，英勇善戰，而目前一些青州官兵肆意搶劫財物，侮辱民女，如不加制止，必將有損您的形象。」

曹操點了點頭，但是什麼話也沒說。于禁又說：「如今天下群雄並起，我們需要一支深得百姓擁戴的軍隊，才能力挫群豪，一統天下，爲此我當眾斬殺了三名違紀軍官，又何罪之有？」

曹操聽完于禁的話，馬上轉怒爲喜，對于禁大加讚賞，並提拔他爲侯爵，並處死了那些誣告于禁的軍官。事後曹操托謀士轉告于禁，遇事要多加思考，不要輕易斬殺，否則，可能會導致自相殘殺。于禁聽後，一下頓悟過來，從而日後行事更加謹慎，對曹操更加信賴。

曹操不愧爲一代梟雄，面對下屬對于禁的誣告，如果他輕易降罪於于禁，那麼將損失一員虎將；面對于禁的語言上的衝撞，如果他沒有胸懷，也不可能聽取于禁的意見並提拔于禁。當然，他的寬容是有意義的，使于禁更加信賴他。

一般來說，下屬冒犯上司，無論是無理取鬧，還是振振有詞，多半事出有因。作爲管理者，如果不冷靜地思考下屬冒犯自己的原因，搞清楚事情的來龍去脈，妥善地處理，就容易錯怪下屬，失去人心。

管理心得

對於下屬合理的冒犯，管理者應該引咎自責；對於下屬不合理的冒犯，管理者應該以事業為重，從大局出發，不必介懷。要知道，這些「膽大包天」的冒犯者多半是性格耿直、行事光明磊落的人，這是難得的人才，是企業發展的希望所在。

Point 良好的氣質本身就是一種領導力量

管理者的氣質是權力影響力的一個重要因素，是管理者提升自我形象、鞏固自身地位、贏得下屬尊重與信賴的一個基本條件。一個管理者的氣質不僅取決於其外在形象的修飾，更重要的是內在的精神氣質的修煉，主要通過品德、素質、才能等內在的修煉，塑造強大的人格魅力和氣質。

如果你想提升自己的氣質，使自己領導的力量更加強大，不妨內外兼修，齊頭並進。比如，注重外在形象，穿戴得體、舉止得當、注重禮儀等，再比如，加強內在修養，保持良好的心態，學會微笑示人，熱忱待人，用自己的激情和活力影響下屬，用自己的幽默風趣去感染下屬。

值得注意的是，與修煉外在的氣質相比，修煉內在的氣質，是管理者更應該重視的問題。因爲一個管理者的精神面貌如何、精神狀態如何，直接會影響他的個人魅力。假如一個管理者在與下屬交往的時候，表現得神采奕奕，精力充沛，富有自信，那麼他的這種積極的精神狀態就很容易感染下屬，活躍整個交往氛圍。相反，如果一個管理者精神萎靡不振，無精打采，冷漠敷衍，必然會令下屬感到不快，甚至產生反感。

下面就來介紹幾點修煉個人內在氣質的建議：

(1)**想盡辦法贏得下屬的愛戴**

贏得下屬愛戴的方式有很多，比如，體諒下屬的工作，寬容下屬的過失，關心下屬的生活，當員工在工作中遇到困難時，為他們提供幫助，當員工出現過錯時，及時站出來幫員工承擔責任等等，如果你能做到這些，那麼你將很容易贏得下屬的愛戴。

(2)**做事不要優柔寡斷**

作為管理者，做事最忌諱的是優柔寡斷、猶豫不決、拖泥帶水。試想一下，如果一個管理者在決策方面朝令夕改，他怎麼能服眾呢？所以，管理者必須堅決果斷，這是領導魄力的最直接表現，對維護管理者自身氣質尤為重要。

(3)**每天騰出一點時間思考**

儘管管理者大都非常忙碌，但再忙也要留出思考的時間，因為要想成為出色的管理者，就必須進行思想上的構思，去謀劃公司的發展計畫，制定富有遠見的決策。只有當你把公司經營好了，你的氣質才會凸現出來。否則，一切都是白費。

管理心得

管理者的氣質如何，關係到他的個人影響力和領導能力。而要想提升氣質，最好的辦法是內外兼修，當然，相對於外在的氣質修煉而言，內在的修煉顯得更為重要。因為內在的氣質，決定了管理者的行事方式和管理才能。

Point

方而不圓，難成大事

人們常說，做人要外圓內方，「外圓」是一種圓滑，是一種高明的處世之道；「內方」是一種原則，是內心嚴正的一種氣魄。身爲管理者，懂得外圓才不會輕易得罪人，與人發生矛盾和衝突，引起別人的不快；懂得內方，才不會沒有原則地附和別人，失去做人的底線。如管理者只會「方」而不懂得「圓」，那麼是難成大事的。

三國名將關羽，威震天下，若說武功蓋世，沒有人質疑。從溫酒斬華雄，到過五關斬六將，再到單刀赴會等等，都是他英雄形象的寫照。但是最終，他卻敗在一個被其視爲「孺子」的吳國將領呂蒙手上。究其原因，是因爲他不懂得「圓」的人生哲學。

儘管關羽有萬夫不當之勇，但是爲人處世，處處盛氣凌人，不識大體。除了劉備、張飛等人之外，根本不把其他人放在眼裏。從一開始，他就排斥諸葛亮，繼而又排斥黃忠，後來又和部下糜芳、傅士仁等人不和。當然，他的最大錯誤是和盟友東吳鬧翻，破壞了蜀國「北拒曹操，東和孫權」的基本國策。多次單憑一身虎膽與東吳交戰，從不把東吳放在眼裏，不但公然提出荊州爲蜀國所有，還侮辱孫權等人，以至於激化了吳蜀關係，最後敗走麥城，被孫權所殺。

作爲管理者，在工作中總會遇到各種問題，隨機應變的能力是非常重要的。優秀的管理者一定要學會因時制宜，因地制宜，做到外圓內方，大智若愚，這樣才能縱橫於企業，馳騁於商場。

清朝紅頂商人胡雪巖雖然沒讀什麼書，但是通過經商，卻賺得了大錢。他曾經說過：「欲無辦大事之難題，必先傾全力做到圓世道、圓身心。」他有一個經商「六字方針」，即：圓、情、義、智、勇、仁。其中，圓字當頭，他在辦事方面，非常圓滑。所以，他才能與官場、競爭對手、顧客打成一片。

作爲管理者，如果你想在管理中取得圓滿的結局，必須做到外圓內方，方而不圓，難成大事。只有學會圓滑地與人打交道，才能贏得他人的歡迎，繼而把事情辦好。

管理心得

身為管理者，如果只知道方而不懂得圓，那麼他就是一個四處棱角、靜止不動的「口」，在為人處世中，很容易與人發生衝突。要想成大事，關鍵是做到大事講原則，小事講風格，能屈能伸，圓滑處世。

Point 明大局，識大體

職位和高度決定了眼界。身爲管理者，在看待問題時，應該從大局出發，著眼全局，這樣做出的決策才可能周全，才能從根本上保障公司的利益。

要做到「明大局，識大體」，管理者必須有一定的胸懷，有一定的眼界，不能只看到眼前，只糾結於某件事上，這既是一種品格，也是一種風度。

明大局、識大體，不僅體現在決策上，還體現在管理者如何看待員工上。比如，一個員工長期以來能力都值得認可，只是因爲一次失誤，給公司造成損失。如果管理者懂得用全面的眼光看待員工，那麼更有利於去體諒員工，給員工彌補過失的機會。

美國某公司的一位高級主管，由於在工作中出現了嚴重失誤，給公司造成了幾百萬的經濟損失。爲此，他十分緊張，他害怕被炒魷魚，更害怕被公司告上法庭，要求賠償經濟損失。

事情發生的第二天，這位主管被董事長叫到辦公室，進門後，董事長對他說：「公司經研究決定，準備把你調到另一個職位上。」

「爲什麼沒有降我職、開除我？」這位主管十分驚訝和不解。

董事長說：「如果那樣做，豈不是便宜了你？而公司在你身上白花了幾百萬的學費，公司還要你把那些損失賺回來呢！」

這句話完全出乎這位主管的意料，他頓時感受到了公司的寬容，感受到了董事長的信任，於是下定決心努力工作，絕不辜負公司的一片厚愛，絕不再犯同樣的錯誤。後來，這位高級主管果然為公司做出了巨大的貢獻。

人非聖賢，孰能無過？

面對下屬的失誤，管理者若能從全局出發，坦然面對，將員工失誤對公司造成的損失視為為員工交的一筆學費，這種大度胸懷無疑是最令員工感動的。

員工有了改正的機會，往往明白了錯在哪裏，也會珍惜機會，努力彌補自己對公司的「傷害」。

管理心得

身為管理者，要具備統攬全局的能力，要識大體，謀大局，抓大事。也就是說要從全局的角度、從長遠的角度看問題，這樣才不至於一葉障目，不見泰山，才不至於糾結於細枝末節上。

Point

知道該做什麼，更知道不該做什麼

很多企業在剛起步時，爲了節約成本，很多事情管理者都親自去做，一人多能，一人多職。當公司慢慢壯大時，當很多事情不需要他們親自去做時，他們卻改不了事必躬親的習慣。殊不知，不改掉這種情況，不明確自己該做什麼，不該做什麼，企業是很難做大的。

有一位企業家管理企業特別有一套，公司的很多大事他從來都不過問，他只過問三件事：財務狀況、產品品質、市場回饋。正因爲如此，他總是顯得特別悠閒，經常去旅遊、打球，而他的企業發展得非常好。這不免引起了同行朋友的羨慕。

事實上，這位企業家明確自己該做什麼，他沒有被紛繁的企業管理事務和市場亂象所迷惑，他只抓自己該抓的幾個關鍵點，這樣就能保證企業在正確的軌道上發展。當他有更多的時間時，他才能跳出企業這個局，保持冷靜、客觀的態度制定決策。

孔子在《論語》中曾說過：「在其位，謀其政；不在其位，不謀其政。」指的就是不該自己做的事情，堅決不要去做，因爲你有應該做的事情。優秀的管理者都明白這個道理，他們知道自己就像汽車司機，除了去專注地操控方向盤之外，做其他任何事情，做得再好，也是失職。

管理心得

優秀的企業管理者不一定要做經天緯地的大事，在管理工作中，平凡不意味著平庸，不平凡也不意味著卓越。企業發展不需要大起大落的驚濤駭浪，而是需要有條不紊地發展。作為管理者，必須透過繁瑣事物的表像，看清事物的本質，認清自己該做什麼，不該做什麼。

Point

將底牌緊緊地攥在自己手中

在《道德經》中，有這樣一句話：「魚不可脫於淵，國之利器不可以示人。」意思是，魚不能脫離水，利器不可輕易給人看。可是，有些管理者不懂得這一點，喜歡在別人面前賣弄自己，裝腔作勢，展露自己的過人之處，殊不知，這樣只會顯得自己愚昧無知，讓自己在管理中變得被動起來。

陳先生的叔叔是某公司的高層管理者，靠著這層關係，他順利進入了那家公司，而且進入不久，就成了部門主管。當時他的叔叔對陳先生講：「千萬不要宣佈我和你的關係，否則，對我們都不利。」

自從當上公司的部門主管，陳先生在下屬們的阿諛奉承下，自我感覺越來越好。每次出門吃飯，下屬們都願意爲他買單。陳先生的虛榮心一下子就湧上來，忍不住向下屬「透露」他的後台，一時間惹得大家羨慕不已。

可是好景不長，不久後，陳先生的叔叔被調往另外一個分公司，陳先生一下子遭遇了「冷宮」待遇，大家對他不再熱情，而是私下議論他，說他沒有真本事，全憑關係進公司、當管理，抱怨公司用人不公平。這些話後來傳到公司老闆那裏，老闆經過瞭解得知情況屬實，而且發現陳先生在工作上沒有任何成績，於是非常氣憤，不但開除了他，還嚴肅批評了陳先生的叔叔。

底牌是一個人成就大事的秘密武器，這底牌也許值得你驕傲，也許會讓你沒面子。既然是底牌，就不要輕易翻開給別人看，否則，別人就會從你的底牌上下手，找你的差錯，揭你的老底，讓你的處境非常被動。明智的做法是，把底牌僅僅攥在手裏，不到萬不得已的時候，絕不要露出底牌。

管理心得

不輕易透露底牌，是一種深藏不露的做人藝術，是一個人閱歷和性格的體現。身為管理者，必須有一定的城府和深度，而不能輕易被別人看透，更不能輕易被人抓住把柄。因此，凡事要有所保留，要給人留一點神秘。

Point

做事情一定要按照規矩來

俗話說：「沒有規矩不成方圓。」如果一個企業沒有制度，企業成員做事不講規矩，在某一段時間也許能「混」下去，甚至在某一階段、某一件事情上還能「混」得很有效率，但是放眼長遠，企業不可能獲得持續性的發展。爲什麼呢？

因爲人們活動的動機、目的往往不同，如果沒有一個規矩來約束，各行其是，那麼企業就會逐漸陷入無秩序的混亂中。縱覽古今中外，沒有一種組織單靠自覺性來維持，任何一個長存的組織、團隊、企業，都有做事的規矩，約束人的制度和規定。

北京有一個名叫「金三元」的酒家，它的拿手好菜是「扒豬臉」，雖然這算不上大菜，但是非常有名氣。這道菜之所以遠近聞名，與金三元的老闆沈曉峰的嚴格按規矩辦事是分不開的。爲了這道菜，金三元制定了十分嚴格的規定：

豬頭必須來自於飼養了一百二十天至一百五十天、重量爲六十公斤至七十五公斤的白毛瘦型豬；在標準化屠宰之後，要把豬頭浸泡二小時，醬製四小時，加上三十多種調料，前前後後要經過十二道工序。

如果員工執行不到位，或錯走了一點點，沈曉峰不會輕饒他。不僅如此，金三元的服務還非常有講究，從站位、迎賓、入座、點菜等一路下來，一共有二十九道工序、三千多條標準的管理制度，國際品質協會的總裁參觀了金三元之後，也禁不住對他們豎起了大拇指。

企業在創建初期，怎麼辦事的都有，野台唱戲、遊擊作風也許能一時得逞，但絕逃不出饑一頓飽一頓、最後消亡的命運。如果你想把企業做大做強，管理者就必須制定規矩，要求大家按規矩辦事，決不能散漫、由著性子胡來。總之，管理者要記住「無規矩不成方圓」這句話。沒錯，按規矩辦事的人永遠不會吃虧。

管理心得

如果團隊沒有規矩，各吹各的號、各彈各的調，就無法形成合力，大家就會變成一盤散沙，根本沒有戰鬥力。要想打造團隊戰鬥力、企業競爭力，管理者做事情一定要按照規矩來。

Point

權力越大，越不能隨意發號施令

在企業管理中，管理者向員工下達命令、委派任務，這是管理工作必不可少的工作內容之一，也是有效管理的重要手段。作爲管理者，如果不能恰當地下達命令，往往容易造成下屬在執行命令的過程中出現失誤和偏差，導致執行不力、無效甚至負效。亨利・福特在自傳中寫道：「任何對員工下達命令的行為都是很嚴肅的行為，要認真對待。管理者選擇的話語、表述的方式，甚至說話的音調等諸多因素都會影響工作的完成。」

黃先生是一家企業的市場部經理，由於他在公司居功至偉，所以非常受老闆的器重。可以說，在公司他是一人之下，眾人之上。正因為如此，他總是表現出高高在上的領導姿態，經常躺在那張大椅子上發號施令，把腳翹在辦公桌上，手裏玩著一支筆或其他什麼東西。

更讓大家無法容忍的是，黃先生發號施令的時候，竟然不正眼看下屬，這令站在他面前的下屬感到非常尷尬。

原本發佈命令是很嚴肅的時候，但是黃先生卻將發佈命令當成兒戲，有時候發佈了一條命令之後，見下屬急急忙忙出門，他又叫住對方，說：「我是開玩笑的，你回來！」

有時候，黃先生發佈的命令不具體，要麼是模棱兩可，要麼就是漏洞百出，讓下屬在執行時非常為難。

而當下屬執行完任務，向他彙報工作時，他卻滿不在乎，有時候甚至不記得自己曾經發佈了命令。

黃先生自恃功高，在發佈命令的時候帶有很大的隨意性，根本不像一個合格的管理者。加之他的命令不明確、不具體，使員工在執行中無法把握準確。其實，這是不少管理者尤其是老闆的通病，是非常錯誤的下達命令的做法。

作爲企業管理者的你，如果也有類似的毛病，不妨參考下面幾點意見，加以改正：

(1)**命令要有可行性**，即在正常的工作條件下，下屬能夠圓滿完成。

(2)**命令要有目的性**，即向下屬解釋一下爲什麼要這樣做，以便員工更好地理解你的意圖，聽從你的建議去執行。

(3)**命令要有準確性**，即下達命令時，要用詞準確，尤其是涉及任務執行期限、執行效果等，一定要明確具體，比如，管理者對下屬說「希望你明天下午五點鐘之前完成任務」，就比對下屬說「你去辦吧，給你兩三天時間」更加準確具體。

管理心得

作為管理者，不要把發號施令當成炫耀權力的方式，而要認真對待下達命令這件事，因為命令下達與任務執行有著密切的關係。如果你希望員工執行到位，請保證下達命令準確具體，並在言語和姿態方面表達對員工的尊重與重視。

Point

可以嚴於律己，不可嚴於律人

有個成語叫「嚴於律己」，意思對自己要嚴格要求，目的是不斷提高自己、完善自己。對於管理者而言，嚴於律己可以爲下屬樹立良好的榜樣，做遵守制度的帶頭人，使大家更好地遵規守紀。然而，很多管理者不嚴於律己，卻嚴於律人，這樣就難以服眾了。而優秀的管理者在嚴格要求自己的同時，還能寬以待人，這樣往往深得人心。

聯想前總裁柳傳志的辦公桌上，有一句話：「其身正，不令而行！」他用這句話來勉勵自己，讓自己嚴格要求自己，爲公司員工樹立標杆。聯想公司從當初的二十萬元起家，到如今資產過百億，與柳傳志的嚴於律己是分不開的。

在聯想，開會遲到了要罰站，柳傳志本人遲到了也要罰站，他曾經被罰過三次。其中，有一次是被困在電梯裏，導致開會遲到了。後來，他沒有爲自己做任何辯解，自覺地罰站了。這就是柳傳志的作風，他要求別人做的，自己絕對會先做到。他禁止別人做的，自己絕不會做。正因爲如此，他才具有強大的影響力，下屬在他的影響下，很自覺地遵守公司制度。

事實上，員工們也希望管理者是一個靠得住、信得過的「領頭羊」，處處以身作則，這樣員工們才會感到有奔頭，死心踏地的跟著管理者。著名管理學家帕瑞克曾經說過：「除非你能管理

『自我』，否則你不能管理任何人或任何東西。」

管理心得

管人先管己，律人先律己，這才是最高明的管理策略，這樣才能以德服人，以身正法。如果管理者做到了嚴於律己，那麼你不需要嚴於律人，就可以很好地管理別人。

Point

有從諫如流的雅量

一個人的智慧是有限的，因此，聰明的管理者往往善於虛心求諫，虛心納諫，多方面聽取下屬的意見和建議，這樣既能保證決策的周全，又能激發下屬積極思考的態度，認真爲公司出謀劃策，盡心盡力地工作。如果管理者養成了虛心納諫的習慣，公司形成了集思廣益的風氣，那麼對企業的發展是非常有利的。

美國克萊斯勒汽車公司曾經大力生產耗油量大的大型汽車，結果由於世界石油危機的衝擊，他們在一九七九年的九個月中，虧損了七億美元，打破了美國有史以來九個月內虧損的最高紀錄。

爲了扭轉公司虧損的狀況，公司任命艾柯卡爲公司的總裁。艾柯卡上台之後，每次做決策之前，都會經過一番深思熟慮，他會廣泛徵詢、傾聽部屬們的意見，甚至與下屬進行很激烈的商討，然後再做出最終的決策。

事實證明，多傾聽下屬的意見是有好處的。艾柯卡做出的轉型生產哈爾・斯珀利奇管理公司諮詢組設計的K型車，並推出了眾多的車型，就是得益於廣泛納諫。憑藉此舉，克萊斯勒汽車公司重新打開了市場。經過三年的努力，艾柯卡不僅扭轉了公司的虧本的頹勢，還獲得了二十四億美元的盈利，用這筆錢，他們提前償還了十二億美元的政府貸款。克萊斯勒汽車公司的股票，也從一九八一年的每股三美元，上升到一九八四年的三千點七五美元。

可見，在激烈的市場競爭中，管理者如果在決策時，僅僅依靠個人的經驗和判斷，往往會做出有失偏頗的決策，只有擁有從善如流的雅量，廣泛納諫，才能做出更爲合理的決策，爲企業的發展保駕護航。

管理心得

決策是管理中重要的活動之一，在決策時，管理者要善於採納建言，並主動徵詢下屬意見。即便下屬沒有任何異議，管理者也不應認為自己的決策是完美無缺的，而要想一想：是不是大家不願意發表見解。

Point

不可隨意拿下屬出氣

在職場中，你不難發現：有些管理者在批評下屬時所表現出來的態度，好像完全把批評當成一種發洩內心不爽的管道。而且，就算下屬沒有犯錯時，管理者若心情不好，也會隨意向無辜的下屬撒氣，似乎把下屬當成了「出氣筒」。

在批評下屬的過程中，有些管理者一開始尚能保持冷靜的態度，然而，隨著各種因素的累積，管理者的情感、情緒會發生微妙的變化，他們或激動地拍桌子、捶板凳，或唾沫橫飛、指著下屬的鼻子罵，或隨手摔東西，砸在下屬的面前，儼然一副暴君的形象。殊不知，這是一種最不可取的批評方式。

要知道，批評應該是對事不對人的。如果管理者在批評時拿下屬出氣，這是典型的感情用事，是「對人不對事」的批評，這樣很容易讓下屬誤以爲管理者對他們有成見、有不好的看法，勢必會引起下屬的極大不滿，激化上下級之間的矛盾。

在通常情況下，批評是一種敏感的事情。如果管理者出於期望讓犯錯誤的下屬有好的轉變，就必須避免把個人的情感摻入到批評中去，要始終保持冷靜和克制，仔細斟酌批評的內容。如果管理者忘記了批評的目的——爲了讓下屬有好的轉變，或摻入個人感情成分，那麼批評就很容易變成發洩的途徑。那麼，管理者怎樣做才能避免把下屬當成「出氣筒」呢？

美國管理心理學家歐廉·尤里斯教授曾忠告人們：當你感覺自己開始興奮時，請努力降低自己的聲調，繼而放慢自己的語速，胸部挺直。爲什麼要降低聲調呢？因爲大聲說話時，聲調會催化人的感情，會使已經衝動起來的情緒更爲強烈，以至於造成不應有的後果。

爲什麼要放慢語速呢？因爲語速變快與大聲說話造成的惡果是一樣的，語速變快會顯得激動，也會激發對方的情緒。爲什麼要挺直胸部呢？因爲情緒激動，氣氛緊張時，容易身體向前傾，這就會製造出咄咄逼人的姿態，這個時候，把胸部挺直，既可以讓自己深呼吸，也可以讓自己的身體後移一點，淡化一下緊張的局勢。總而言之，降低聲音、放慢語速、挺直胸部這是頗有見地的經驗之談，管理者牢記於心，將會有助於下屬接受你的批評。

管理心得

下屬和你是平等的，不要認為下屬的地位比你低、能力比你差，就可以隨意向下屬發洩，更不能將批評下屬視為發洩不滿的方式。只有真誠而善意的批評，才能讓下屬感受到你的關懷與重視，下屬才願意向你期待的方向轉變。

Point

貴在成功時仍能保持清醒的頭腦

人性有這樣一個弱點：在取得越來越多的成功、在做出越來越多明智的決策時，人就會悄悄地自我滿足，產生驕傲的情緒，然後不知不覺迷失了自我。很多企業家曾經輝煌過，可惜的是，就在他們事業如日中天的時候，卻沒能保持清醒的頭腦，不可避免地走入了人生的敗局。

曾在一部電視劇中看過這樣一個故事：有個人事業上興旺發達，賺了很多錢，但卻因爲欲望太多，與政府官員勾結，用不正當的手段做生意，結果鋃鐺入獄。他的律師問他：「好好的生意你不做，爲什麼要與政府官員勾結，用不正當的手段做生意呢？」

他哽咽著說：「我生意越做越大，時間長了，我認爲天下就是我的，我開始放縱自己，不踏實地做生意……」他甚至有點抱怨地說：「當我得意忘形，頭腦不清醒時，如果有人及時給我提個醒，我也不會落到今天的下場。」

巨人集團的創始人史玉柱曾說：「人在成功時不能得意忘形。」因爲一旦得意忘形，就可能犯糊塗，做出愚蠢的事情。所以，管理者應該把「不以物喜，不以己悲」視爲人生的座右銘，不爲外物所左右，不爲寵辱而失態，在得失面前鎮定自若，這樣才能修煉從內到外的沉穩氣質。

管理心得

要想成為一名合格的管理者，就要學會用理智控制自己的情感，在成功時仍能保持清醒的頭腦，絕不沾沾自喜或自以為是。同時，在成功時要有危機意識，在得意時一定要提醒自己謙虛謹慎，把功勞歸於大家，這樣才能贏得大家的敬重和支持。

Point

抑制住自己一步登天的衝動

俗話說：「萬丈高樓平地起。」作爲管理者，一定要有踏實進取的心態，千萬不要幻想一步登天。因爲實現遠大的目標是一個艱巨的過程，這個過程充滿了困難和挫折，你要做的是一步一個腳印地前進，漸進式地向目標靠近。

曾有一位籃球教練在執教中，對他的隊員們說過這樣一番話：「無論對手是強是弱，你們要做的都是打好每一個球。不要幻想一下子擊敗對方，也不要向對方屈服。只要比賽沒有結束，你們就不要放棄，打好每一個球，你才有希望獲得最後的勝利。」

其實，經營企業也是這個道理，在順境中不能眼高手低，在逆境中不能輕易放棄，你要做的就是一如既往地腳踏實地，做好每一件該做的事，爲將來的成功鋪墊基礎。因此，管理者要拋棄浮躁之心，這樣才能達到「積水成淵，積薄成厚」的管理效果。

第二次世界大戰之後，日本多位企業家都想爲日本的崛起做一些事情，比如，松下公司的松下幸之助，索尼公司的盛田昭夫，本田公司的本田宗一郎等。

他們聘請美國的管理學權威人士——戴明博士來日本演講，他們問戴明博士：「你是世界一流的管理權威，你有一流的資訊，請問我們日本人怎樣可以在世界上擁有一席之地？」

戴明博士說：「很簡單，我只告訴你們一個管理概念：每天進步百分之一。」說完之後，戴明博士告訴大家：「趕緊去幹活吧，去踏踏實實地發展企業。」戴明博士給了這幾位企業家非常重要的影響，於是我們看到了二戰後的松下電器、索尼公司、本田公司有多麼成功。

正如戴明博士所言：「很簡單，每天進步百分之一。」這是一個簡單有效的發展策略，也是管理者必須牢記於心的管理策略。無數企業家的成功，都與他們的踏實經營分不開。因此，無論是在成績面前，還是在失敗面前，都不要幻想一步登天。

管理心得

其實，只要你不想一步登天，成功就不是難於上青天的事情，只要你一步一步地前進，只要你勇敢邁出並堅持走下去，就會一步步向成功靠近。也許最終你沒有達到預期的成功，但由於你踏實努力，最終也會無限靠近成功，這樣你就不是「失敗者」。

Point 不要提及自己給人的恩惠

有些管理者幫過下屬、關照過下屬，往往習慣於把這種「恩惠」掛在嘴上，在不經意間「提醒」一下下屬，彷彿是在告訴下屬：「你別忘了，我曾經幫過你，你可別忘恩負義，別得寸進尺！」

胡經理是某公司的銷售部經理，在與下屬的相處中，他對下屬頗爲關照，但是他卻不受下屬歡迎。下屬們私下提及他時，往往會露出鄙夷的神色。爲什麼會這樣呢？是下屬們不知道好歹，還是胡經理某些行爲不當？

原來，胡經理有一個毛病，他特別喜歡在下屬面前提及給人的恩惠。比如，昨天他和一位下屬一起吃工作餐，結賬的時候胡經理順便給下屬買單了。第二天中午吃飯的時候，他就會提醒那位下屬：昨天可是我給你買單的哦！

下屬聽他這麼說，忙說：「哦，是的，我差點忘了，昨天那頓飯的錢我還沒給你呢，多少？」這時胡經理趕忙推脫：「哎，我不是讓你還我錢了，我就是說說而已，你不要當真。」下屬更加莫名其妙，就問：「你到底是什麼意思？給你錢你又不要，那你說幹嘛？」這時胡經理往往會嘿嘿一笑，說：「我就那麼一說。」

後來有一位與胡經理關係不錯的下屬問他：「你不是爲了讓別人還錢給你，你爲什麼又要提及給人的恩惠呢？」胡經理說：「我只是想讓別人記住，我曾給過他恩惠，要好好跟我幹。」那位下屬說：「你給別人的恩惠，別人記得，不用你提醒，你說出來了，反而讓對方面子上過不去，你的好意也會蕩然無存……」

正如那位下屬說的那樣：「你給別人的恩惠，別人記得，不用你提醒他。」事實上，你給了別人恩惠和幫助，越當做沒發生過一樣，越容易顯得你有親和力，別人越願意與你爲伍。如果你說出來，往往讓別人感覺欠你一個人情，而且這個人情是記在你的「帳本」上的，會讓別人覺得低你一等。在這種情況下，他就會想辦法償還你的人情，償還之後，也就意味著不再和你密切往來。所以，明智的話，不要總是在下屬面前提及你給他的恩惠。

管理心得

人心是微妙的東西，有些事說破了就會產生隔閡。因此，管理者千萬不要提及自己給別人的恩惠，否則，原本融洽的上下級的關係，可能會冷凍起來。不要讓別人在你面前有「虧欠感」，別人才願意與你共事。

Point

好漢不提當年勇

無論是在生活中，還是在職場中，我們經常會聽到有人說：「想當年我……」「那時候我……」「以前我……」這些詞是他們講述自己當年榮耀故事的開始，從學習到工作、從工作到戀愛、從戀愛到某項特長等等，真可謂「五花八門」，十足了不起。

身為領導者，在企業中可謂佼佼者，在下屬崇拜和敬畏的眼神下，他們往往有一種虛榮感，覺得自己了不起。在與下屬談話中，動不動就會來一句「想當年」。如果說他們不是好漢，那確實有些絕對化了。只不過人生的精彩歲月也就那麼一段，不可能一路風光。但問題是，既然風光不再了，為何還要拿當年說事？其實，說到底，就是為了滿足一種虛榮心理。

俗話說：「好漢不提當年勇。」作為企業管理者，謙虛是重要的品德。在下屬面前，言行舉止低調一點，往往更容易贏得大家的敬仰。對於過去的成績，那都已經成為往事，再值得驕傲，也沒必要提起。

于先生是某公司的董事長兼總經理，他從國家機關下海後，經過幾年打拚，創辦了自己的公司。在公司內部，一切管理分明，大家按績取酬，無論男女，無論年長、年輕者，一視同仁。

按理說于先生是一個有著浮沉經歷的人，當年也曾風光過，但是當別人問及他過去的經歷時，他總是淡淡地說：「過去就那麼回事，平平淡淡！」于先生從來不提「當年勇」，他也討厭其他管理者提及「當年勇」。

公司曾有位開車的司機，是某親戚介紹過來的，他的親戚與于先生以前是國家部門的同事。鑒於這層關係，該司機在公司處處擺譜，說話打著官腔，動不動就「想當年」。後來，于先生對他說：「我這裏沒有特殊員工，只有崗位的不同，鑒於你的特殊身分，我們這裏不歡迎你，請你另謀高就吧！」于先生此舉據說深得下屬的心，大家表示，他們早就看不慣那位司機了。

其實，喜歡提「當年勇」的人，真的算不上什麼好漢。真正的好漢，應該是懂得與時俱進、力求超越過去，用令人羨慕的成績作注腳的人。要知道，這個世界變化太快了，幾天不學習，不鑽研，就可能恍如隔世。所以，告別昨天的「勇」，用謙虛的心態面對今天，才是管理者應該做的事情。

管理心得

無論過去你取得過多麼驕人的成績，作為管理者，你都應該緊跟時代的腳步，立足崗位，不斷追求卓越，永創一流，創造性地開展工作，這才是真正的英雄好漢。

Point

不可在下屬背後說三道四

古人說：「君子坦蕩蕩，小人常戚戚。」作爲管理者，相信你不願意聽到下屬在背後對自己評頭論足、說三道四吧？那麼，同樣的，你也不要在下屬背後說三道四。如果你覺得下屬某些方面有所欠缺和不足，你不妨開誠佈公地與他交流，指出他的不足，督促他改進，這種光明磊落的行事作風，遠比背後說三道四更能贏得下屬的信任和支持。

房經理是某公司的總經理，一天，下屬小陳因工作出現差錯被他叫到辦公室。在辦公室裏，房經理指出了下屬的問題，希望他日後改正。但小陳的認錯態度似乎不怎麼誠懇，這讓房經理感到不愉快。

小陳走出房經理的辦公室之後，房經理又叫了另一位下屬去談話，由於那位下屬忘記了關門，房經理的話被外面的員工都聽到了。只聽房經理與那位下屬說：「小陳那個死東西，工作失誤了，認錯態度還不誠懇，真叫人生氣……」

小陳聽到後，惱羞成怒，衝到房經理的辦公室吼道：「有什麼話你直接跟我說，爲什麼在背後罵我？」當時那種場面有多尷尬，也許只有房經理最清楚。之後雖然房經理多次請小陳吃飯，想方設法向小陳賠禮道歉，但小陳始終對他沒有好感。

很多管理者都討厭「長舌婦」下屬，但有些管理者卻不知不覺做了「長舌婦」，如此怎樣服眾呢？管理者的光輝形象應該是光明磊落、坦誠正直，而不是背後說人長道人短的陰暗小人，這樣才能用自己的人格魅力吸引大家的支持。

管理心得

在背後說三道四，無論你懷著怎樣的心態和動機，一旦傳到被議論者的耳朵裏，你都將引起別人的反感。也許你只是善意的調侃，也許你是無聊地引申，也許你純屬開個玩笑，但是請不要在下屬背後議論他們。

Point 不與下屬談個人隱私問題

每個人都有一些純屬於個人私事的東西，很多人不希望自己的隱私被別人知道，卻對別人的隱私充滿好奇。在職場中，身爲管理者，你應該注意維護自身的形象和威嚴，不要讓下屬們知道自己的隱私，尤其是不太光彩的隱私，否則，你就會非常被動。

同樣，對於下屬的隱私，你也不要過於打聽，因爲如果下屬告訴你了，你要承擔保密的工作，一旦下屬的隱私傳出去了，下屬很自然地認爲你失信於他，從此也會對你失去信任。所以，乾脆不知道爲妙。下面介紹幾點建議，以便管理者更好地對待「隱私問題」。

（1）**不要好奇，不要向下屬打聽其隱私**。有些管理者想瞭解下屬更多的情況，乃至下屬的隱私。在這種情況下，他們會向下屬打聽，或直截了當地問，或旁敲側擊地引導，下屬出於對上司的敬畏，不回答不好，回答出來又顯得很爲難。其實，這種做法是非常糟糕的，會令下屬非常反感，使下屬對你產生不好的印象。所以，把工作管好就行了，不要對下屬的隱私太好奇。

（2）**不要與下屬談論自己的隱私**。即便你是管理者，你也有自己不爲人知的事情，無論你與下屬關係多好，請不要隨便把自己的隱私透露給下屬。因爲隱私之所以爲隱私，或多或少不那麼光彩，還是少說爲妙，不說最佳。

（3）**當下屬的隱私涉及公司利益時，要以公司利益為重，但同時也要尊重下屬的隱私**。作爲管理者，有責任和義務保護公司的利益，當下屬的隱私涉及公司利益時，管理者必須站出來捍衛公司的利益，但同時也要本著尊重下屬隱私的心態處理問題。比如，公司的財務人員由於家庭困難，急於用錢而做假賬，私吞公司的欠款。你在處理的時候，只需讓下屬把錢款退還即可，切不可宣揚下屬家中的困難。

管理心得

對於上司來說，不與下屬談論個人隱私問題，絕不是一個小問題，而是關乎一個管理者的基本素養問題，如果不能把握住這個原則，你就可能會失去威信，失去下屬的信賴。

Point

有十分的把握，說七分的話

杯子留有空間，才有容納新鮮液體的空間；氣球留有空間，才不會因充氣而爆炸；說話留有空間，才不會因意外事件而下不了台，才有轉身的餘地。所以，不要把話說得太滿，有百分之百的把握，只說七成，既給別人留點懸念，也給自己留點迴旋的餘地。這樣，當事情辦成時，別人會驚喜於你的努力，當事情沒辦成時，別人也不會責怪你。

一天，一名員工向老闆提了一個請求，希望公司准許他請一周的假，因爲他的家裏發生了一些事情，必須回家處理。當時老闆不假思索地答應了：「沒問題，家裏有事你就回去處理事情吧！」可是第二天，老闆卻對那位員工說：「下周無法准你一周的假期，因爲公司有很多事情要做，不能缺少人手，我只能准你三天假。」

員工很惱火，說：「什麼？我都和家人通電話商量好了，你怎麼能出爾反爾呢？」

老闆說：「你不知道，事情不像你想像得那麼簡單，我得爲公司的利益著想啊！」

員工說：「昨天你答應得那麼爽快，今天卻說有難度，爲什麼昨天你沒想到難度……」

有些管理者面對員工的請求和求助時，往往會拍著胸脯說：「沒問題，放心吧！」可話說出之後，又改變了主意，這種出爾反爾或不守承諾的行爲，很容易惹惱員工，從而失去員工的信任。這就是把話說得太滿給自己造成的窘迫。

管理者說話要注意分寸，切忌把話說得太滿，因爲凡事總有個意外，而這個意外並不是你所能預料的，爲了容納這個意外，爲了讓你在這個意外面前能夠從容地轉身，你有必要有十分的把握，說七分的話。

管理心得

如果你細心地觀察一些大人物的答記者問，你就會發現，他們非常喜歡使用諸如「或許」、「可能」、「考慮考慮」、「儘量」等不確定性的詞語。他們之所以用這些詞語，就是為了不把話說得太滿，不把話說死，這是一種高明的說話藝術，你也應該掌握。

Point 用口才來展現你的魅力

口才不僅是溝通的重要工具，還是展露才華，表達性情的重要手段。身爲管理者，如果你有三寸不爛之舌，那麼勝於擁有百萬雄師。擁有良好的口才等於擁有強大的魅力，因爲口才本身就是一種魅力的體現，它不但可以使你充分地表達出自己的想法、觀點，還能有效地傳達你的思想，從而影響他人。

凱末爾是土耳其的開國元勳，他爲土耳其的獨立發動抗戰，最終取得了勝利。當時，有兩個敵軍的敗將向凱末爾請降，在去往凱末爾司令部的路上，他們被沿途的民眾辱罵。可是，當他們見到凱末爾時，發現凱末爾卻沒有一點架子，還和他們握手，並謙遜地說：「勝敗是兵家常事，很多名將運氣不好，也容易吃敗仗，請二位不要難過。」這種態度和言辭，不僅給兩位敗將保留了面子，也把凱末爾的形象彰顯得更加高大。

不管你是哪個行業或哪個層級的管理者，你都是一個群體或團隊的代表。因此，好口才對你十分重要，它是你不可或缺的重要素質。如果你想把隊伍帶領好、把事情處理好、把企業管理好，就必須用口才來展現你的魅力。

管理心得

作為管理者，說話的水準主要體現於引起共鳴，使下屬理解決策，明白你的意圖，激發下屬的積極性和創造性，從而推動工作順利展開。

Point 不要信口開河，說話之前要深思熟慮

身爲管理者，在談話中一定要注意自己的身分，在開口說話前，務必深思熟慮，注意措辭的嚴謹性、合理性，而不要想到哪兒說哪兒，信口開河。否則，管理者的話就難以讓大家信服。

西漢初年，劉邦戰勝了項羽，平定了天下。在論功行賞時，他想當然地認爲蕭何的功勞最大，但又沒有充分的理由證明自己的觀點。當他宣佈封蕭何爲侯、封給蕭何的地最多時，群臣們馬上表示不服，私下議論紛紛，他們說：「平陽侯曹參功勞才是最大的，他屢立戰功，身受七十處傷，而且率兵攻城掠地，屢戰屢勝。」

一時間劉邦顯得有些尷尬，但他還是想把蕭何放在首位，就在氣氛尷尬之際，關內侯鄂君及時站了出來，幫劉邦說明了蕭何的功勞何在，最後使群臣心服口服，這才給劉邦留了面子。

儘管劉邦最後順利把蕭何排在功勞榜的首位，但劉邦在論功之前，沒有經過深思熟慮，就說

蕭何功勞最大，這種貿然的言行還是不夠明智的。這就啓示管理者們，在說話之前一定要深思熟慮，想說服大家就要找到有力的論據，而不要等到眾人不服時，才頓時慌了手腳。

不要信口開河，而要深思熟慮，這就意味著管理者不要輕易跟下屬下保證。比如，對下屬的加薪要求、休假請求等，不要信口開河地答應，而要學會深思熟慮。否則，一旦失信於下屬，就會失去下屬的忠心支持，這對管理者而言是極爲不利的。

管理心得

管理者應對所說的每一句話負責，要做到一言九鼎，才能樹立公信力，才能贏得下屬的心。如果說話不經大腦，信口開河，又隨意反悔，那麼只會把下屬對你的信任踐踏在腳下，最後讓你失去管理者應有的威望和影響力。

Point

不知道的事坦率地說「不知道」

很多管理者給人「無所不能」、「萬事通」的印象，他們所瞭解的、所懂得的確實比下屬們多一點，但這並不代表他們真的無所不能、萬事皆曉。對於那些自己不知道的事情，如果他們能坦率地說：「我不知道！」這比不懂裝懂地用虛僞包裝自己更能贏得下屬們的尊敬。

一位美國加州大學著名的教授在演講中提出了用老鼠實驗所得到的結果，當時一位學生突然舉手發問，發表自己的看法，並問教授：「如果用小狗做這個實驗，是否也能得出相同的結論呢？」

所有的聽眾都看著這位教授，想看他如何作答。這位教授不慌不忙地說：「真的很抱歉，我沒有做過這個實驗，我不知道是否會得出相同的結果。」當教授說完之後，台下響起了經久不息的掌聲。

很多人尤其是那些受人矚目的領導者，往往不願意說出「不知道」這三個字，他們認爲這會使下屬們小看自己，使自己沒有面子。事實上，對於自己不懂的東西，坦率地說出「不知道」，並不是什麼丟人的事情，正如古人所說：「知之爲知之，不知爲不知，是知也。」坦率地說出「不知道」，不僅不會讓人小看，還會贏得別人的尊重，別人會認爲你是一個誠實、謙虛的人。

管理心得

心理學家邦雅曼·埃維特曾指出，敢於說「我不知道」的人，往往容易贏得別人的好感，因為承認自己無知所表現出來的是一種坦誠和謙虛。身為管理者的你，對於自己不懂的事情，不妨坦率地說不知道，並虛心地請教下屬，這樣會使你更有人氣。

喜歡拍馬屁的人不可重用

不可否認，幾乎所有的老闆、管理者都喜歡聽「漂亮話」，這就是「馬屁精」受領導者歡迎的原因。然而，公司有這樣的下屬沒有什麼不可，但不能重用他們，因爲一旦他們受到重用，往往會因吹牛拍馬而誤事。

原因很簡單，他們往往是爲了自己的升遷，才會想方設法在領導面前逢迎拍馬，在他們看來，吹捧領導就會得到好處，反駁領導只會吃虧。這種人一般沒有責任感，沒有腳踏實地幹事的精神。

在中國歷史上，很多國君因爲聽信讒言、重用拍馬屁者而誤國誤事。春秋時期，伯嚭舉家受到迫害，他逃亡到吳國，在孫武的舉薦下，他在吳國得到了吳王的寵幸。伯嚭好大喜功，貪財好色，最關鍵的是擅長阿諛奉承、迎風拍馬，把吳王「哄」得非常開心。因此，伯嚭能夠屢獲升遷，直至宰輔。到後來，伯嚭爲了一己私利而不顧國家安危，內殘忠臣，外通敵國，最終使吳國失去了稱雄的優勢條件，使吳國逐漸走向了衰敗。

管理者一定要認識到拍馬屁者可能帶來的危害，因爲他們善於察言觀色、適時出擊、巧舌如簧，能把稻草說成金條。大凡愛拍馬屁的人，往往是一些喜歡投機鑽營、攀附權勢的小人，他們缺乏兢兢業業的工作態度，而是靠阿諛奉承獲得名利。他們嘴上說一套，手裏做一套，實際上暗藏禍心。這種人根本不值得重用，如果你不想企業被禍害，就離那些愛拍馬屁的人遠些。

管理心得

企業發展靠的是腳踏實地的經營，而不是靠溜鬚拍馬者整天在領導耳邊說漂亮話。作為管理者，你一定要認識到哪種人才是企業最得力的幫手，堅決不要重用愛拍馬屁的人。這樣才能純淨團隊風氣，激發實幹者的積極性。

Point 不要忽略「小人物」

所謂「小人物」，是指無職無權、地位不高，沒有名望的普通人。很多人大人物看不起小人物，認為他們要能力沒能力、要地位沒地位、要名望沒名望，因此，根本不把他們放在眼裏，對他們表現得很輕慢。殊不知，要想成就大業，就離不開小人物的支持。

唐朝宰相魏徵把君民關係比喻為船和水的關係，水能載舟，亦能覆舟。可見，小人物也蘊含著大能量。事實上，小人物也有自己的特長和才能，小人物不甘於永遠當小角色。如果你在小人物低迷時扶他一把，也許日後小人物也能帶給你意想不到的收獲。

在官渡之戰前期，曹操與袁紹處於對峙狀態，當時曹操處於劣勢。一天，曹操聽說袁紹的謀士許攸來訪，興奮得來不及穿衣、穿鞋，跑出來迎接許攸，對許攸十分敬重。許攸被曹操的誠意打動，立即爲曹操出謀劃策。在許攸的説明下，曹操在官渡之戰中大勝袁紹。

曹操之所以對許攸如此禮遇，很大的原因在於許攸是個「人物」。如果許攸是一個小人物，曹操會怎樣對待他呢?這一點我們無從猜測。不過，我們可以從曹操如何對待小人物張松來推斷曹操對待小人物的態度。

當年張松面見曹操，給他一張西川的地圖，曹操卻態度傲慢，張松覺得曹操輕賢慢士，對曹操產生了不好的印象，於是改變主意，把這張地圖獻給了劉備。這件事對曹操來說，不能不說是事業上的一大損失。試想一下，如果曹操對待張松像對待許攸那樣，也許西蜀的地盤就是曹操的。

所以，作爲管理者，一定要記住：不要帶著成見看待小人物，因爲小人物也有大用處。也許有一天，你心目中的小人物，會在某個關鍵時刻給你提供大幫助，並徹底改變你的命運和前程。

管理心得

對待小人物，應該以禮相待。不要輕易得罪他們，而應該與他們交朋友，畢竟多一個朋友多一條路。要記住，你在小人物身上花費的精力、時間、關心和尊重，也許在未來的某一天，能帶給你無法想像的回報。

Point

只有先「擺平」自己，才能「擺平」他人

每個管理者或許都有一種期望：「擺平」每一個不服從管理的員工，讓大家對自己心服口服。這樣才能顯示出管理者應有的風範。

然而，「擺平」別人談何容易？因爲很多時候，管理者最大的敵人是自己，而不是別人，如果連自己都擺不平，又如何「擺平」別人呢？

之所以這麼說，是因爲「擺平」別人，靠的不是武力和權力，靠的是美好的德行、高尚的人格、良好的心理素質。

有這樣一個故事，能帶給管理者們很好的啓示：

春秋時期，有個名叫賓埤聚的齊國人，此人頗爲聰明，而且在當時也較爲有地位。因此，他表現得有些過於自負。一天晚上，他做了一個夢，夢見一個武士把他當做奴僕一樣呵斥，還往他臉上吐唾沫。醒來之後，他耿耿於懷。

第二天，他把這個夢告訴了朋友，說：「我活了六十多歲，從來沒有擺不平的事情，昨晚的那個夢實在讓我憋屈，我必須找到那個人，討個公道，否則，我願意以死來洗刷恥辱。」

朋友勸他不要和自己過不去，但是他不聽，只好陪著他在大路上等了三天，可是並沒有等到

夢中的那個武士。

之後，賓埤聚回家後，就自殺了，這就是「因夢自殺」的故事。

沒有敵手，賓埤聚卻倒在了自己的手下。沒有擺平別人，反而被自己「擺平」了，這都是愚蠢的思想在作怪。

也許管理企業是一種無奈的事業，許多事情不像你想像的那樣稱心如意，許多員工也不像你想像的那樣順眼，你很想擺平他們，但問題是，你必須先擺平自己。

何謂擺平自己呢？其實就是和自己做朋友，而不是與自己爲敵，不是和自己過不去。懷著一顆善意的心，對待自己，對待別人，這樣你自然容易贏得別人的尊敬和歡迎，這不就是擺平了別人嗎？

管理心得

在管理中，擺不平的事、擺不平的人比比皆是，面對一些不順心的人和事時，你應該保持冷靜的頭腦，而沒必要自尋煩惱。要記住一句流行語：「擺平就是水準，搞定就是穩定，妥協就是和諧。」你若能與人和諧相處，那麼一切也就順心順眼了。

Point

有權力但不能玩權術

在企業管理中，「權術」是普遍存在的，很多管理者癡迷於玩弄權術，以為這樣可以提升自己的威信，強化自己的管理能力。然而，玩弄權術會帶來頗多的問題，不但達不到應有的管理效果，還容易導致管理偏離預計的軌道。

蔡先生是某公司的老闆，他有一個管人的習慣，每當公司來了一個新人，他就會給他佈置一個任務，只是為了馴服對方。比如，銷售崗位上來了一名新員工，暫且稱呼為小李。蔡總會對他說：「一週之內，制定一個針對改變現有市場佔有率下降、銷售疲軟的可行性方案。」

小李年輕，充滿闖勁，事業心很強，接到任務後馬上緊鑼密鼓地進行市場調研、訪談、分析，尋找市場衰退的原因，制定了一個完整的市場運作報告，按時上交了方案。可是兩個星期過去了，小李也沒有聽到蔡先生的回饋。

一個月以後，蔡總又安排小李開始另一個市場開發專案，小李忍不住提起那個市場運作報告，蔡先生卻說：「那個方案不用了，你再做另一個方案。」說完這句，蔡先生還不忘提醒小李：「記住了，以後叫你做什麼，你就做什麼，不要問東問西。」小李雖然心有不甘，但是又毫無辦法，這也讓小李感受到蔡先生的「威嚴」十足。

像蔡先生這樣，爲了「馴服」下屬，故意佈置一個不是任務的任務，讓下屬忙活幾天，費盡心思完成，最後卻把下屬晾一邊。這是不人性的權術手段，雖然表面上能控制下屬，讓下屬聽話，但絕對帶不出忠誠的員工。

事實上，真正的管理智慧並不是玩弄權術，而是讓員工對企業產生歸屬感和榮譽感。作爲管理者，不應該狹隘地以個人感受、得失、態度來評判下屬，而要從企業利益的角度出發，本著對員工負責，關愛員工的心態，用自己的人格魅力去征服下屬對其工作負責，對企業負責。這樣的管理才有領導力，才有影響力。

某集團公司的總經理方總一旦有空，就會到車間去轉悠，問員工工作累不累，家中有沒有困難；過節的時候，他又問員工：單位發的禮品，有沒有領；還鼓勵員工好好幹，公司不會虧待他們。大家都能從方總那裏感受到一種被領導關懷和激勵的感覺。

爲什麼員工跟著方總都能士氣高漲呢？因爲方總採用以人爲本的管理方式，讓員工感受到了關懷和鼓勵。這才是激發員工積極工作的原因所在。

管理心得

俗話說：「哪裏有壓迫，哪裏就有反抗。」管理者玩弄權術，帶給員工的是壓迫感，最終會激起員工的反抗。如果改變管理方式，用人性化管理，用人格魅力來影響員工，所產生的管理效果將是截然不同的。

Point

自我揭短，一個有影響力的人該做的事

雖說人貴有自知之明，要明白自己的優勢和不足，但僅僅如此還是不夠的，還要學會自我揭短，並不斷補上「短板」，不斷提升自我能力。這樣才容易贏得別人的敬重。對一個有影響力的管理者來說，自我揭短是應該具備的素養之一。面對員工時的自我揭短，可以拉近管理者與員工的距離；面對客戶時對自己的產品進行揭短，可以更好地贏得客戶的信任。自我揭短看似「家醜外揚」，像是一種愚蠢的行為，但實際上卻是高明的自我行銷策略。

亨利．霍金士是美國亨利食品公司的總經理，有一天，他突然從化驗報告單上發現他們生產的食品配方中，為了起到保鮮作用而添加的一種添加劑。雖然這種添加劑的毒性不大，但如果長期服用，對身體存在危害。倘若把這種添加劑清除，又會影響產品的鮮度。如果公佈於眾，則會引起同行的強烈反對，還會損害自己產品的信譽。但是經過再三思考，他毅然做出了自我揭短的決定，把這種添加劑的危害性公之於眾。

這種添加劑一經公佈，同行企業的老闆們紛紛集合起來，用一切手段指責亨利．霍金士，說亨利．霍金士是在打擊別人，抬高自己。為此，他們聯合起來共同抵制亨利公司的產品，導致亨利公司瀕臨倒閉。

在這場長達四年的鬥爭中，亨利公司雖然受到了同行們的排擠，但是卻受到了廣大消費者和政府的支持，亨利公司的產品也成了大家爭相購買的放心貨。原因很簡單，因爲亨利公司是一個坦誠的公司，敢於把自己的短處公諸於眾。

此後，亨利公司很快就恢復了元氣，公司規模擴大了兩倍，一舉登上了美國食品加工業的第一把交椅！

在市場競爭中，幾乎每家公司都在「老王賣瓜，自賣自誇」，誇大自己產品的優點，隱瞞自己產品的缺點。生怕自己產品的缺點一旦暴露，就會被顧客拋棄，殊不知，越是懂得自我揭短的商家，越容易贏得顧客的信賴。

事實上，公司的管理者和公司產品一樣，都不是完美無缺的。與其絕口不提自己的缺點，誰提找誰麻煩，不如坦誠一點，主動自我揭短，這樣更容易展現自己的親和力，更容易贏得員工的信賴。而一個被員工信賴的管理者，自然是一個有影響力的管理者。

管理心得

任何一個管理者、任何一家企業的產品，都不可能是盡善盡美的，都或多或少地存在著某些「短處」，對於這些短處，與其捂起來，藏起來，不如坦率地自我揭短，這樣反而更能表現自己的坦誠，更容易贏得人心。當然，自我揭短之後，關鍵要想辦法彌補「短板」，這樣才能不斷進步。

Point

「事必躬親」不是美德

經常聽到有些管理者抱怨工作辛苦，永遠有做不完的事。經過瞭解，才發現，原來他們之所以忙碌，是因爲他們喜歡事必躬親，原本有些工作交代給員工去做就可以了，他們卻要自己去做。結果自己忙得一塌糊塗，員工卻悠哉悠哉的。

爲什麼有些管理者喜歡事必躬親呢？原因是他們不信任下屬，覺得只有自己做才放心。又或者是因爲他們想幫下屬，然而，下屬並不會感激，因爲不該管理者做的事情，管理者卻越俎代庖去做，這叫多管閒事。所以，事必躬親的管理者總是抱怨自己太辛苦，說的難聽一點，那叫吃飽了撐的，活該找罪受。

在三國裏，諸葛亮是怎麼死的？諸葛亮是累死的，因爲他喜歡事必躬親。儘管他能力出眾，但是他畢竟是一個人，一個人在戰鬥，戰鬥力有多大呢？真正優秀的管理者，絕不會事必躬親，他們更願意行使工作分配權，把合滴的工作交給相應的員工，讓大家各司其職，負責好自己的一塊工作。而管理者自己，在佈置工作之後，只需負責審查、驗收工作。這樣一來，他們輕輕鬆鬆把公司管理好了，員工各自幹自己喜歡的事情，大家都非常快樂。

那麼，管理者怎樣才能改掉事必躬親的壞習慣呢？

(1) 學會相信你的下屬

換位思考一下，如果你的上司什麼事情都自己幹，只讓你做一些沒有技術含量，無法體現你價值的工作，你高興嗎？上司不信任你，意味著否定你的價值。同樣，當你不信任下屬、事必躬親時，下屬感受到的也是否定和打擊，這樣下屬會變得越來越消極。因此，學會信任你的下屬，是你首先應該做到的。也許你交給下屬的工作，下屬不一定完全能做好，與你想要的還有差距，但是試著多給他一點信任、鼓勵和幫助，下屬就會變得越來越合你的心意。

(2) 學會適當地授權

要想改變事必躬親的管理方式，必須學會適當地授權。如果不捨得授權，下屬怎麼開展工作呢？可能有些管理者認爲，授權給下屬，意味著自己失去了權力。其實，這種認識是錯誤的，因爲授權不等於放權，更不等於撒手不管，放縱下屬。授權只是爲了讓下屬更好地發揮自己的才能，以把工作做好，工作完成之後，把權力收回。有授權，有收權，收放自如，完全不影響管理者的權威。

(3) 用心培養你的下屬

有些管理者之所以事必躬親，就是因爲不相信下屬的能力。其實，與其什麼都代下屬做，不如教會下屬如何去做。正所謂：「授人以魚，不如授人以漁。」因此，明智的管理者應該用心培養下屬，讓下屬學會「捕魚」的方法，這樣下屬才會成長起來。

管理心得

管理是一門藝術，要求管理者最大化地發揮人才的能力，把工作做到極致。因此，管理者要通過授權來調動人才的積極性，發揮人才的優勢，而不是事必躬親，這樣才能輕鬆地管理公司，把工作做到最好。

Point

放棄表演，做真實的自己

在一本雜誌上，曾看到過這樣一個故事：

有個人經常去美國印第安那州的一家醫院，他注意到，醫院有一個男實習生和一個女實習生，兩人的工作態度截然不同。男實習生每天按時上下班，只做與自己工作有關的事情，至於那些不在自己職責範圍內的事情，他甚本不去做。比如，有病人來求助，他會笑著說：「請你去找護士，這不是醫生的職責。」

而另一位女實習生則非常熱情，她除了做本職的工作以外，還會幫小患者量體重，餵小患者吃飯，幫患者制定食譜，推送病人去拍X光片等等，每天她都忙到很晚下班。

學期末，醫院評選出五名最佳實習醫生，那位男實習生入選了，而那位女實習生卻落選了。女實習生不滿，找醫院理論，醫院方給出的回應是：你落選的原因是因爲你負責過了頭，因爲醫生的職責就是爲病人看病，其他的事情有人去做。如果你什麼事情都做，必然會手忙腳亂，疲憊不堪。這樣一來，你怎麼能把本職工作做好呢？

對於一個工作中的「多面手」，我們往往會給予他很高的評價，然而我們卻忽視了，一個人的精力是有限的。如果什麼都想去做，結果往往什麼也做不好。真正明智的選擇是，放棄做「全能者」，努力發揮自己的優勢，做一個真實的自己，做一個優秀的自己。

工作就是工作，不是表演，不是爲了贏得下屬一聲「頭兒，你真厲害，什麼都會」類似的讚美而充當全能，而要努力發揮自己的優勢，實現自己的真正價值。這才是一名管理者所應該做的。

以微軟公司的創始人比爾．蓋茨爲例，他是電腦領域的卓越天才，但是當他經營企業的時候，他便把全部精力投入到公司的運營和管理上，徹底放下技術方面的工作。當他決心搞技術研發的時候，他又徹底離開了管理崗位，另派他人擔任公司總經理。事實證明，他這樣做是明智的，因爲這樣讓他做什麼都能全心、全力，並取得了很好的結果。

管理心得

身為管理者，不可能其他的技能一點都不會，但是必須做好自己的本職

工作——做一名合格的管理者，這才是你應該做的。只有當你成為一名出色的管理者時，你才能證明你自己的價值，你才是最棒的自己。

Point

私心不可有，野心不可無

身爲管理者，要有一顆公正之心，正確地把握公與私的界限。俗話說：「不做虧心事，不怕鬼敲門。」如果你在管理中做到公正無私，對下屬一視同仁，那麼，你就容易贏得下屬的敬重。

私心不可有，但野心不可無。因爲任何一支偉大的團隊，都不是一個人在戰鬥，作爲管理者，必須想辦法用自己的野心激發出全體成員的鬥志，使大家追隨你去創造豐功偉績。

拿破崙曾經說過：「一頭獅子帶領的一群羊肯定能夠打敗一隻羊帶領的一群獅子。」如果你是一隻獅子，即便你帶領的是一群羊，也能取得驕人的戰績。

安德魯．卡內基是美國著名的「鋼鐵大王」，但是他本人對鋼鐵製造和生產工藝流程卻知之甚少，他爲什麼能成就一番偉業呢？

原來，他在用人方面沒有私心，但他又是一個充滿野心的人，他善於將手下的精兵強將放在適合他們的崗位上，充分激發他們的鬥志，使他們在工作中充分發揮才能。正因爲如此，他才獲得了事業上的成功。

反觀美國「汽車大王」亨利・福特和他們的子孫三代，他們在事業的頂峰剛愎自用、嫉賢妒能，不允許下屬「威高震主」，甚至將那些爲公司發展立下汗馬功勞的部屬辭退，從而導致福特公司陷入衰退。

最終，福特三世只好將掌管了三十五年的經營大權讓給福特家族以外的菲力浦・卡德維爾，讓他組建管理層來領導公司，這才讓福特公司衰退的腳步停止下來。

拿破崙有句名言：不想當將軍的士兵不是好士兵。

若非擁有這般雄心壯志，拿破崙也不可能從一個小小的炮兵，成長爲法蘭西歷史上最偉大的軍事統帥。

同樣，不想創造豐功偉業的老闆不是好老闆。作爲管理者，你既要有雄心壯志，又不能有狹隘和私心，這樣你才有可能帶領一群信任你的員工，開創屬於你的事業。

管理心得

野心，可以把一個普通的管理者推到優秀的管理者的行列；私心，可以把一個優秀的管理者推到愚昧、劣等的管理者的行列。作為一個企業的領頭人，如果你想讓事業越做越大，就必須保持野心，摒棄私心，有了這個欲望引擎，成功才有可能。

Point

斤斤計較，難成大事

很多老闆對員工斤斤計較，比如，不捨得創造良好的工作環境，不捨得給員工較高的工資待遇，對員工要求太苛刻，毫無理由地要求加班，卻不給加班費等等。對於這些，員工看在眼裏，惱怒在心裏，他們怎麼可能死心塌地的跟著老闆幹，盡職盡責地對待工作，爲公司創造利潤呢？

有一位老闆的公司經營不善，員工工作效率很低，公司效益很差。於是，他找到一位管理大師，並向他訴苦。管理大師來到他的公司走了一圈，心中便有底了。

管理大師問這位老闆：「你去菜市場買過菜嗎？你是否注意到，賣菜的人總習慣於缺斤少兩，而買菜的人也習慣於討價還價？」

老闆說：「是的，確實是這麼回事，可是這與我經營公司有什麼關係呢？」

管理大師淡淡一笑，提醒道：「你在經營企業的時候，是否也習慣於用買菜的方式來購買員工的生產力呢？」

老闆有些吃驚，他瞪大眼睛看著管理大師，想聽他接下去怎麼說。

管理大師說：「你一方面在員工的工資單上大動腦筋，千方百計地想少給他們工資，另一方面，員工在工作態度上、工作效率上、工作品質上想方設法跟你缺斤少兩，這就是說，員工雖然跟著你幹，卻沒有努力幹。你雖然花錢聘用他們，卻沒有足夠的誠意，你們都在打著自己的小算盤。當然，最大的錯在於你，你對員工斤斤計較了，怎麼奢望員工對你無私奉獻呢？這才是你公司員工工作效率低，企業效益差的根源。」

這個案例所反映的問題很多企業都存在。每個企業的管理者都希望員工努力幹活，卻不想一想自己給了員工怎樣的待遇，爲員工創造了怎樣的工作環境？在這種利益不對等的情況下，員工怎麼可能拚命爲企業創造價值呢？

所以，身爲企業老闆或管理者，千萬不要斤斤計較地對待員工，苛責、壓榨員工最終害的是企業，因爲員工賺不到錢，員工感覺不值得爲企業賣命，他們隨時都可能離開，而企業要爲此疲於招聘人才，這個成本管理者考慮過嗎？

管理心得

要想讓牛幹活，就要先把牛餵飽，如果你捨不得多給牛一點水和草，那麼牛怎麼可能賣力地耕田呢？企業用人也是這個道理，管理者可以在其他方面精打細算，但絕不能在員工待遇上、工作環境上斤斤計較，否則很難成大事。

Point

人在憤怒時，很難做出理性的判斷

有這樣一個故事：

有個中年男人，他的妻子生小孩時難產死了。孩子降生之後，他既要工作，又要照顧孩子，幸虧家裏有一隻很聽話的狗。所以，他把照看孩子的任務交給了忠誠的狗。

一天，男人回家推開門，發現小孩不見了，只看見狗滿嘴是血。頓時，他認爲狗吃了他的孩子，於是憤怒的火灼燒著他，他抄起一把鐵鍬，把狗當場打死了。就在這個時候，男人聽到床底下發出了孩子的哭聲。

男人趴下一看，發現孩子在床底，床底還有一隻滿身是血的狼。當他把孩子抱出來時，發現孩子安然無恙。這時男人明白了，原來狗是在與狼的殊死搏鬥中沾滿了狼的血。男人非常後悔，可是一切都無法挽回。

這個故事告訴我們：不要在憤怒的時候做決定。因爲當一個人內心充滿了憤怒時，他就很容易忽視最基本的判斷與核實的步驟，繼而做出想當然的決定。其實，這是人的通病。心理學家研究發現，人在憤怒的時候，智商是最低的。人在憤怒的關頭，往往會做出非常愚蠢的決定。

所以，忠告管理者們一句話：不要在憤怒的時候做任何決定。因爲世上沒有後悔藥，因爲憤怒做出錯誤的決定，等到事實真相大白時，才知道後悔已經晚了。從這個意義上講，管理者在憤怒時是否能克制情緒，讓自己冷靜下來，將從根本上影響企業的發展。

管理心得

在決策時應該「基於事實」，而不能帶著憤怒、由著性子，衝動地做決定。因為管理者要對企業負責，對團隊負責，千萬不要因為自己的憤怒做出錯誤的決策，而把企業帶入困境和歧途。

Point

做決定時不要被個人的情感所左右

人是有血有肉、有情感的動物，在爲人處事中，難免會受到個人情感的左右。最常見的表現是，我們願意和那些與我們關係好的人交往。但是，身爲企業管理者，在做出事關企業命運的決策時，如果被個人的情感所左右，那麼很可能做出「滅亡」企業的決定。

和田一夫和弟弟將一家鄉下蔬菜店，經營成在全球擁有四百多家分店，企業員工總數近三萬人，鼎盛期年銷售總額突破五千億日元的國際流通集團。公司旗下的股票在日本、新加坡、馬來西亞等地上市。

隨著企業發展勢頭越來越好，和田一夫和弟弟在決策和處理問題的思路和方法上產生了很多分歧。

一九九五年，和田一夫想把弟弟逐出公司，但是考慮到弟弟在公司發展中付出了很多，於是他感到很矛盾。在面臨「正確地管理企業未來」與「對弟弟的情感」兩難問題時，和田一夫最終選擇了退出，這樣做只是爲了不傷害兄弟感情。

然而，和田一夫退出之後，他的弟弟並未把公司經營好。弟弟怕和田一夫得知公司經營真相後不高興，於是經常給和田一夫一些作假的報表，讓和田一夫誤以爲公司經營得很好。到一九九七年，公司一夜之間倒閉了，和田一夫才如夢初醒。

後來，和田一夫深刻地進行了自我反省，他認爲如果他能像《三國演義》中的諸葛亮斬馬謖一樣，也許公司不會有倒閉的命運。

和田一夫是一位優秀的企業家，但是他在進行決策時，也會被個人的感情所左右，最後葬送了擁有四十五年歷史的公司的前程。由此可見，在決策時，控制好個人的情感，擦亮眼睛，依據客觀事實做決策是多麼重要。

管理心得

在做決定時，不要被個人的情感所左右，這並不是說不考慮個人的情感，而是說當個人的情感與公司的利益有衝突時，要慎重地進行權衡。兩利相權取其重，兩害相權取其輕，按照這個原則去做決定，才能把損失控制在最低限度。

Point 算得太精明了，反而賺不到錢

做生意、辦企業、搞管理都需要精明，精明不是玩手段、耍心機，也絕不是斤斤計較，把一分一毛錢算得清清楚楚，而是著眼於長遠的一種大智慧。比如，在合作中，如果你太過精明，不肯吃一點虧，那麼合作一次之後，對方可能與你分道揚鑣。而如果你懂得吃虧，適當地讓利，這樣才能贏得對方的信賴，他才願意繼續與你合作。

有個溫州年輕人去深圳推銷一種高級上光清潔劑。當時，同類名牌產品在市面上已經非常流行了，市場被瓜分得差不多了，但這個年輕人還是決定去深圳打開市場。

一天，年輕人來到一家名氣很大的星級賓館，對老闆說：「我可以免費爲你整個賓館做一次保潔。」老闆有些不敢相信，他愣了半天，聽完年輕人介紹完產品後，才決定把準備接待大型會議的八十個房間和一個會議室交給年輕人保潔，並規定兩天內必須完成。結果，年輕人用了一天半時間就把八十個房間和一間會議室刷得煥然一新，而且還使之散發出淡淡的清香，爲此他用掉了三十盒上光清潔劑。

會議結束之後，賓館的留言簿上多了很多客人的感言，上面寫著大家對環境的評價，很多客人都說賓館的環境清潔衛生，非常舒適。

會後第三天，賓館老闆找到這個年輕人，對他說：「你幫我贏得了下一項業務，更為我們賓館樹立了良好的形象，這一千元是你應得的報酬。你有多少貨？我全要了。」

事實上，三十瓶清潔劑遠遠不止一千元，但是年輕人很清楚，這個時候沒必要算得太精明。他高興地接受了賓館老闆的報酬，並在對方的推薦下，獲得了好幾筆很大的單子。幾年後，年輕人成了一個百萬富翁。

你想賺到錢嗎？那就不要表現得太精明，尤其是在生意場上，千萬不要和合作對手、客戶斤斤計較。因為算得太精明，表面上你沒有吃虧，但你卻很容易失去賺錢的機會，最後你吃的卻是大虧。一個真正賺大錢的人，往往有長遠的眼光，有寬大的胸懷，懂得為長遠的利益捨棄眼前的利益，這就是那些大商人的智慧。

管理心得

賺錢難，長期賺錢更難，要想長期賺錢，就要學會糊塗的智慧，而不是處處精明。無論是在給員工的待遇上，還是與合作夥伴的利潤分成上，抑或是與顧客之間，都不要算得太精明，適當地讓利，讓別人嘗到甜頭，別人才讓你獲得賺錢的機會。

Point

無論什麼時候都不要顯得比別人聰明

在企業中，有些管理者自恃有些權力，職位比很多人高，便習慣於處處顯示自己的聰明，賣弄自己的雕蟲小技。他們把別人看成一無是處，言行舉止中對他人充滿了不屑一顧，一個蔑視的眼神、一個不滿的腔調、一個不耐煩的手勢……無疑都在告訴別人：你真差勁，我比你強多了。也許他們真的有些本事，有些聰明，但這種「聰明」不僅不會贏得別人的佩服，相反，還會引起別人的厭煩，讓周圍的人更加疏遠他們。

有個年輕的高材生進入某公司後，受到了老闆的器重，被任命爲部門的主管。年輕人發現公司裏大多數爲中年人，雖然他們辦事經驗比他多，但是頭腦沒他靈活，對新事物不如他瞭解。他很高興，認爲自己大展拳腳的機會到了。於是，經常在單位裏賣弄聰明。

「哎呀，這麼簡單的電腦知識都不懂？真的讓我無語，我來教你……」

「這個地方應該這樣啊，怎麼能那樣呢……」

「這事你得聽我的，我可是這方面的專家。」

一開始，大家還挺喜歡這個年輕的主管，有了問題也願意問他。但漸漸地，他的自以爲是讓大家厭煩，於是每個人都疏遠他。在辦公室裏，他經常一個人指手畫腳、唾沫橫飛，但大家根本不理睬他。年輕人很苦惱，他不知道自己錯在哪裏，爲什麼大家不理睬他。

爲什麼年輕人不受歡迎呢？因爲他總是顯得自己比別人聰明，讓別人的自尊心和面子掛不住，因此，大家不願意與他接觸。也許他真的聰明，但聰明是相對的，他只不過對某些方面比別人多一些瞭解，沒有必要處處賣弄自己。作爲管理者，應該低調一點，作爲年輕人，他更應該謙虛一點，這才是做人的學問。

管理心得

法國一位哲學家曾經說過：「如果你想樹立一個敵人，那很好辦，你拚命超越他、擠壓他就行了。但是，如果你想贏得些朋友，有個好人緣，那就必須得做出點小小的犧牲——那就是讓朋友超越你，走在你的前面。」因此，管理者要學會低調和謙虛，讓員工找到自信，這樣他們才會喜歡你。

Point 永遠不要和他人爭執不休

美國著名的人際關係學家戴爾·卡內基曾忠告人們：「天下只有一種方法能得到辯論的最大勝利，那就是像避開毒蛇和地震一樣，儘量去避免辯論。」在卡內基看來，與人爭執不休是愚蠢的，爭贏了勢必會讓對方沒面子，別人不會喜歡你；爭輸了，自己又不痛快。因此，最明智的做法是永遠不要和他人爭執不休。

哈里曾當過汽車司機，後來改行推銷載重汽車，但是並不怎麼成功。於是，他向卡內基求助，卡內基稍微問了幾句，就發現了問題——他太喜歡與顧客爭辯。每當顧客對他推銷的汽車有所挑剔時，他就會怒火難耐，和對方大聲爭辯，直到把對方駁得啞口無言。他確實贏過很多次爭辯，但是他什麼也沒推銷出去。

卡內基交給哈里的第一個技巧就是，學會克制自己爭辯的欲望。當別人表達不同的意見時，應該保持認真傾聽的姿態。經過卡內基的指教，哈里改變了自己的交際、推銷方式，他的人際關係改善了很多，並且他後來終於成爲了公司的一位明星推銷員。

班傑明．佛蘭克林經常告訴身邊的人：「如果你爭強好勝，喜歡與人爭執，以反駁他人爲樂趣，或許能贏得一時的勝利，但這種勝利毫無意義和價值，因爲你永遠得不到對方的好感。」

所以，身爲管理者，你要思考一個問題：你是想要一個毫無意義的、表面上的勝利，還是希望贏得下屬、顧客的好感？要知道，這兩者你是不可能兼得的。

瑪度曾在威爾遜總統任職期間擔任國家財政部長，他以多年的從政經驗告訴人們一個教訓：「我們絕不可能用爭論使一個無知的人心服口服。」

是的，管理者千萬別想用爭辯改變任何人的意見，即使對方不是無知的人。

管理心得

林肯曾把與人爭辯比喻為與狗爭道，他說：「與其和狗爭道，不妨讓狗先走。因為如果你被狗咬傷了，你將得不償失的。」身為管理者，應該牢記這句話，永遠不要和他人做無謂的爭辯。

Point

學會與狂妄自大的下屬相處

有些員工在某些方面、某個領域才能出眾，表現得目空一切、恃才傲物，甚至都不把你這個管理者放在眼裏。對於這種情況，想必你會感到無法接受，但由於他們有一手絕活，公司發展缺不了他們，因此，你只能對他們忍氣吞聲，不敢輕易得罪他們。事實上，一味地忍耐狂妄自大的下屬是不行的，你必須想辦法與這種下屬愉快相處，方能更好地贏得他們的好感，得到他們的支持。

一般來說，大凡恃才傲物的員工都有這樣的特點：把自己看得太了不起，覺得別人都不如他，有一種「舍我其誰」的感覺；說話不謙虛，做事不低調，對別人的建議不屑一顧；好高騖遠、眼高手低，即使自己做不來的事情，也要好爲人師地指導一番。

與這種下屬相處，必須掌握他們的心理，採取有針對性的策略，才能讓他們對你俯首稱臣，心甘情願地聽從你的調遣和安排。

(1)用其所長，而不要壓制、打擊或排擠

狂妄自大的人大都有一技之長，否則，他們的狂妄就是一種赤裸裸的愚蠢。因此，當你看到他狂妄的一面時，請記得提醒自己：他也有優點，對於他的優點，你應該加以利用，切忌打壓和排擠，甚至可以屈尊一下也沒關係，就像劉備三顧茅廬那樣，對他們多一點尊敬和禮遇，更容易贏得他們的真心回報。

(2)有意用其短，目的是挫一挫他的傲氣

狂妄自大的人也有不足和缺陷，因此，偶爾可以用其短，挫一挫他的傲氣，使他意識到自己的缺點和不足，讓他自我反省，以減少傲氣。比如，安排一件他並不擅長的工作，讓他碰碰壁，事後安慰道：「失敗了沒關係，沒有人是萬能的，虛心學習一下，把不足之處彌補過來就好。」

(3)替他承擔責任，以寬大的胸懷包容他

狂妄自大的人總認爲自己了不起，做事時經常漫不經心，甚至抱著敷衍的心態對待工作，有時候會把事情辦砸。這個時候管理者最好不要對他冷嘲熱諷，而應該及時站出來替他承擔責任，幫他分析錯誤。這樣一來，他以後就不好意思在你面前傲慢無禮了。

管理心得

有優勢、有特長才有狂妄自大的資本，對於狂妄自大的下屬，管理者應該多一點包容和理解，給他們發揮優勢的機會。同時，掌握策略，有針對性地挫其銳氣、避其鋒芒，促其反省，適時提醒他們低調謙虛，完善自我。這樣才能使他們的價值最大化發揮。

Point

不要助長告密的風氣

在企業中，難免有一些員工愛打小報告，他們有話不明著說，而是暗中添油加醋，想方設法傳到管理者耳中。不管這種做法出於何種目的，都與「光明磊落」相差甚遠。作爲管理者，決不能放縱打小報告者、告密者，否則，企業難以形成公正的風氣。在這一點上，「紅頂商人」胡雪巖可謂給大家做出了榜樣。

當年在做藥材生意時，胡雪巖屬下一名採購員在進購虎骨時，錯把豹骨當成虎骨，而且進貨數量較大。這名採購員的副手立即向胡雪巖打小報告，想借此機會擠掉正手，好讓自己成爲正手。

胡雪巖得知此事後，當即決定全部銷毀豹骨。然後，他拍了拍那位採購員的肩膀，說：「忙中出錯，在所難免，以後小心就是了。」

最後，他把那個告密的副手開除了。理由是，出了問題應該公正地向老闆彙報，而不應該在背後打小報告、打小算盤，否則，很容易激化內部成員矛盾，把生意搞垮。

對待告密者，胡雪巖採取了冷酷無情的處理方式，理由是絕不助長告密的風氣。這種處理方式看似嚴厲，但企業內部一旦經歷了這樣一件事，相信往後誰也不敢心懷不軌地告密、打小報告了，這就叫「殺一儆百」，所起到的效果是非常明顯的。

俗話說：「來說是非者，必是是非人。」對待是非之人，難道還要熱情招待嗎？也許你做不到像胡雪巖那樣將告密者掃地出門，但起碼你要提醒告密者：希望有事你能客觀、公開地陳述，不要添油加醋、暗中打報告。

管理心得

人與人之間，是是非非是難免的，如果對待員工暗中打小報告、告密不嚴厲制止，那麼，企業可能會被攪得一團糟。因此，當下屬有向你告另一個下屬的「秘密」、打別人的小報告等行為時，應該冷靜處理，堅決不要助長告密的風氣。

Point 平等對待下屬，一碗水端平

有這樣一個案例：

一家公司開會時，老闆剛宣佈員工小張由於違反公司制度而要遭受處罰的決定，小張就馬上表示抗議。老闆斥責道：「你違反了公司制度，還有什麼好說的？」

小張大聲說：「違反公司的制度當然要按制度處理，這一點我沒有任何意見。但我不理解的是，半個月前胡主管同樣違反了公司的制度，和我犯的錯一樣，爲什麼當時你沒有處罰他？現在我違反了公司的制度，你卻要處罰我，你這是偏袒他啊，叫我怎麼服氣？」

老闆聽了這話，臉色顯得很難看，他稍稍停頓了一會兒，說：「這個制度上個月才宣佈，胡主管是制度宣佈後第一個違反制度的，我當時就說了，念胡主管是制度推出後的首犯，所以寬容他一次，但是下不爲例，今後誰違反了制度，都要受到處罰，難道當時你沒聽到我說的話嗎？」

小張更加氣憤了，他說：「爲什麼胡主管第一次違反制度可以不接受處罰，而我第一次違反制度卻要受處罰？我也是第一次啊，要麼每個首犯都要寬容，否則，我不服氣！」

就這樣，一場會議因爭論處罰是否公平而中斷，搞得老闆和員工都非常不愉快。

老闆念胡主管是制度出台後的首犯，於是寬容了他，結果在小張違反制度時，卻要處罰他，

這是典型的一碗水端不平，難怪小張不服氣。同樣是下屬，爲什麼卻有不同對待？這樣一來，怎麼體現出制度的威嚴，怎麼能將制度有效執行下去？

作爲管理者，當制度出台之後，應該嚴格執行，無論誰違反了制度的規定，都應該一碗水端平地去處理。這樣才能體現出公平，才能服眾。

還有一種一碗水不端平的情況，那就是當員工之間發生矛盾、產生分歧時，管理者應該本著客觀、公正的姿態來調解。這樣才能贏得員工的愛戴和信賴，促進企業健康向前發展。

摩托羅拉十分重視公正地對待員工。在公司發展的過程中，不斷招入一些有能力、有個性的員工。當他們發生爭執時，往往吵得特別厲害。但是作爲老闆，高爾文總是以公平的態度來調節大家的爭執，真正做到了不偏不倚、一碗水端平，使大家在面對各種艱難工作時能夠團結一致。

孟子曾經說過：「不患寡而患不均。」每個人內心都渴望受到公平對待。在處理公司事務時，無論是獎懲，還是人事安排，管理者都應該秉著公平、公正的原則。尤其是當管理者涉入其中時，更應該保持公正，這樣才能贏得人心。

管理心得

公司對員工而言，就像是一個大擂台，員工在擂台上較量，應該憑真才實幹去獲勝。這樣員工才會積極獻計獻策、貢獻力量。管理者就像裁判，保持公正是一種職責，只有一碗水端平，才會得到信任和擁護。

Point

不要逢人就訴說你的困難與遭遇

很多管理者喜歡在別人面前訴說自己公司的一些事情或困難。如，我的下屬真的很糟糕，一天到晚總想著偷懶，我都不知道該怎麼管他們；我們公司最近的業績很差，真不知道怎麼搞的；最近失去了好幾個大客戶……很多管理者都有這個毛病，他們不明白，逢人就訴說自己的困難和遭遇，對解決困難沒有任何幫助，只會使人覺得他們無能。在這一點上，我們不妨來看一個例子：

有個男人在五十歲時，公司破產了，他不得不到處舉債，到最後，把能借的錢都借光了，幾乎到了走投無路的地步。但出人意料的是，他從來沒有向任何人抱怨過，甚至連半句困難都沒跟妻子提過。

雖然他口袋裏沒錢，但是他每天仍然穿著西裝、打著領帶、拎著公事包去上班，就像董事長一樣，他沒有被失敗擊垮。沒過多久機會來了，他在台灣創立克麗緹娜，用了十七年時間把克麗緹娜打造成一個成功的直銷商，並使近三千家克麗緹娜美容連鎖店如雨後春筍般在中國各大城市街頭出現。

即使有一天你破產了，也不要逢人就訴說你的痛苦與遭遇。即使你打開公司的門，裏面只有一個人，也要每天穿得像一個成功者那樣去上班。這才是一名管理者所應具備的勇氣和態度。

管理心得

內心強大的管理者在困境面前，絕對不會選擇抱怨、訴苦和消沉，而是以一顆平常心去面對，他們堅信困難是暫時的，因此，他們不會逢人就訴說自己的不幸遭遇。所以，當你遇到困境時，試著保持樂觀，而不要消極沮喪、逢人就訴苦。

Point 在背後說別人的好話

喜歡聽好話是人的天性，來自他人的讚美能夠使人的自尊心、榮譽感得到滿足，使人獲得精神上的愉悅和鼓舞。但是當面說人好話，說多了往往會被人視爲一種假惺惺的恭維，不一定能取得很好的效果。因此，高明的辦法是在背後說人好話，讓第三者把好話傳到當事者的耳朵裏，這樣會使當事者爲之振奮，他會深信你的讚美源於真心，他也會對你產生好感。

俾斯麥在德國歷史上被稱爲「鐵血宰相」，當年他爲了拉攏一位敵視他的議員，採取的策略就是在其他議員面前說那位議員的好話。後來，那個議員得知俾斯麥在別人面前表揚他，改變了對俾斯麥的印象，和俾斯麥成了無話不談的朋友。

在第三方面前說別人的好話，是恭維人、收買人心的最有效的方法。某公司的總經理發現新來的員工小劉對自己似乎有些不滿——他和小劉說話時，小劉漫不經心、愛答不理。小劉遲到了，總經理批評他，他還一臉不服氣。爲了改善和小劉的關係，總經理在另一位員工面前說了小劉幾句好話：「小劉這人真不錯，工作能力比較強，上班時非常認真，公司有這樣的員工，真是一種幸運。」很快，這幾句話就傳到小劉的耳朵裏。小劉心裏不由得有些欣慰和感激，而總經理在小劉心目中的形象也高大起來。從那以後，小劉明顯改變了對總經理的態度。

在背後說別人的好話是贏得人心的重要細節，會被人認爲是發自內心的讚美，不帶任何個人動機的，其效果遠勝於當面讚美別人。在背後說人好話，還可以給人更多的激勵，使人更加信任你。

管理心得

在背後說人好話，更能顯示出你的「胸懷」和「誠實」，在激勵人心方面可以取得事半功倍的效果。如果你想贏得員工的好感，不妨在第三者面前誇讚下屬，一旦被誇的下屬聽到你的背後讚揚，對你的好感一定會劇增。

老闆想的和你不一樣

編　　者：王　劍
發 行 人：陳曉林
出 版 所：風雲時代出版股份有限公司
地　　址：105台北市民生東路五段178號7樓之3
風雲書網：http://www.eastbooks.com.tw
官方部落格：http://eastbooks.pixnet.net/blog
信　　箱：h7560949@ms15.hinet.net
郵撥帳號：12043291
服務專線：(02)27560949
傳眞專線：(02)27653799
執行主編：劉宇青
美術編輯：吳宗潔

法律顧問：永然法律事務所　李永然律師
　　　　　北辰著作權事務所　蕭雄淋律師
版權授權：蔡雷平
初版日期：2015年7月

ISBN：978-986-352-210-2

總 經 銷：成信文化事業股份有限公司
地　　址：新北市新店區中正路四維巷二弄2號4樓
電　　話：(02)2219-2080

行政院新聞局局版台業字第3595號
營利事業統一編號22759935

定 價：280元

國 家 圖 書 館 出 版 品 預 行 編 目 資 料

老闆想的和你不一樣 / 王 劍著. — 初版. —
臺北市 : 風雲時代, 2015.06
　面 ;　公分
ISBN 978-986-352-210-2(平裝)
1.企業管理 2.組織管理

494　　104008258